UPSC
中国城市规划学会

·乡村规划译丛·

[美]亚历山大·R·托马斯 布莱恩·M·洛格雷戈里·M·富尔克森 波莉·J·史密斯·著

# 批判性乡村理论：结构、空间和文化

## Critical Rural Theory: Structure, Space, Culture

李晴 杜美丽 张博·译

同济大学 出版社
TONGJI UNIVERSITY PRESS
·上海·

书名原文：Critical Rural Theory: Structure, Space, Culture
本书仅限中国大陆地区发行销售
著作权合同登记号 图字：09-2024-0005号

**图书在版编目(CIP)数据**

批判性乡村理论：结构、空间和文化 / (美) 亚历
山大·托马斯 (Alexander R. Thomas) 等著；李晴，杜
美丽，张博译. -- 上海：同济大学出版社，2024. 12.
(乡村规划译丛 / 张立，赵民主编). -- ISBN 978-7
-5765-1279-3

Ⅰ. TU982.712
中国国家版本馆CIP数据核字第2024E3Z176号

**乡村规划译丛**

# 批判性乡村理论：结构、空间与文化

［美］亚历山大·R.托马斯　布莱恩·M.洛　格雷戈里·M.富尔克森
波莉·J.史密斯　著
李　晴　杜美丽　张　博　译
出 品 人　金英伟　责任编辑　熊磊丽　责任校对　徐春莲　封面设计　唐思雯

出版发行　同济大学出版社　www.tongjipress.com.cn
　　　　　（地址：上海市四平路1239号　邮编：200092　电话：021-65985622）
经　　销　全国各地新华书店、网络书店
排版制作　南京展望文化发展有限公司
印　　刷　常熟市华顺印刷有限公司
开　　本　710mm×1000mm　　1/16
印　　张　13
字　　数　218 000
版　　次　2024年12月第1版
印　　次　2024年12月第1次印刷
书　　号　ISBN 978-7-5765-1279-3

定　　价　80.00元

乡村规划译丛

# 编　委　会

**主编**　张　立　赵　民

**编委会成员**（按姓氏拼音排序）

干　靓　雷　诚　李　晴　李文墨　李　云

庞　磊　宋贝君　杨　辰　赵渺希

**总序**

2020年第七次人口普查显示，全国人口14.12亿人，城镇化率63.89%，仍有5.10亿人口生活在乡村。乡村对于我国经济社会发展的重要性不言而喻。

2017年，党的十九大提出实施乡村振兴战略；2018年2月，中共中央办公厅、国务院办公厅印发《农村人居环境整治三年行动方案》；自1982年开始，中央发布了23个关于"三农"问题的一号文件……一系列的政策支持和实际行动，正在切实地提升村民的收入水平，改变着我国的乡村面貌。但是，长期以来城乡二元、重城轻村、效率导向的城镇化实践，使得我国的乡村规划、建设和发展总体上呈现出明显的滞后特征，乡村研究方面亦如此。作为根植于土的地域社会，乡村是地域文化的重要载体。经济、物质环境的改善对乡村固然必要，但却远非全部。如何从地方社会变迁和国家政策制度相结合的角度探讨乡村振兴路径，实现从外生扶持转向内生发展的转变，任重而道远。

2013年以来，同济大学团队自访问日本、韩国和中国台湾的乡村起步，陆续走进了法国、德国、美国、澳大利亚、印尼、印度、南非等国家和地区的乡村田野，通过访谈村民、田间调查、走访地方政府和研究机构等方式、方法，深入了解中国大陆以外的乡村，试图探究其乡村特点、运行机理、振兴机制等。在此期间，收获自不必说，但更深刻的体会是，简单的访问考察尚未触及这些国家和地区乡村的深层次运行特点和机制机理。故而，本土学者的研究成果是最好的学习基础。

从发达国家和地区乡村发展的历程来看，乡村基本都经历了工业化、环境污染、社会解体、乡村基础设施建设、乡村土地整理、乡村复兴、乡村社会重构、乡村田园风貌建设等阶段。乡村居民从专职从事农业到城乡兼业、再到城乡通勤居住，乡村的功能亦从农业服务点，向城乡一体化的生活居住职能转化。在这一过程中，政府发挥的作用在不同的国家和地区有所不同，即便在同一国家和地区内部，亦存在很明显的区域差异。不同国家和地区均有一定程度的自下而上的动员机制，但运作成效又各不相同。从欠发达国家和地区来看，其乡村普遍建设滞后，且对村民缺少制度化的生活保障，亦没有类似我国的农村宅基地制度。充斥城市的贫民窟现象在一定程度上诠释了欠发达国家乡村政策和制度的缺陷。了解欠发达国家和地区的乡村运行亦可帮助我们更加全方位地理解中国乡村。

"乡村规划译丛"涉及法国、德国、俄罗斯、美国、英国、日本和印度等国家和地区，丛书的内容包括了这些国家和地区的乡村发展政策、乡村景观规划、乡村与城市的关系、乡村社会、乡村生活、乡村农业、乡村空间与文化、乡村变迁、乡村规划、乡村建设等方面。希冀本套丛书的引进出版能够扩展我们对于国外乡村的认识，继而能让我们以更广阔、深邃的视野来审视中国的乡村发展、建设与规划。同时，也欢迎更多的相关译著加入这个系列中来。

张立　赵民

同济大学建筑与城市规划学院

2021年8月5日

前
言

一般而言，不同社区之间居民的生活体验差异不大，但是乡村社区与城市社区却迥然不同，这种差异在人们从城市到乡村或从乡村到城市时尤为显著。当面对孩子的教育问题时，选择城市还是乡村，人们的态度会非常明显。关于乡村社区及其与城市的关系，几位作者有不同的经验。亚历山大（Alexander）在纽约和波士顿曾定居过一段时间，在佛罗里达州的奥卡拉（Ocala）和纽约尤蒂卡（Utica）以南的乡村小镇也曾短暂"停留"；布莱恩（Brian）在加拿大边境旁边的一个乡村小镇长大，后定居在加拿大和美国的小城市；格雷戈里（Gregory）在密歇根州一些中等规模的城市以及宾夕法尼亚州和堪萨斯州（Kansas）的乡村小镇都定居过；波莉（Polly）则主要居住在奥尔巴尼（Albany）以西的小型工业和农业城镇。尽管我们四个人的经历各有不同，但我们都攻读过社会学硕士学位，认为社会学知识可以弥补生活经验的不足。

对于一个曾经居住在美国乡村的人来说，社会科学也许会给你一种强烈的感觉，那就是很多学科忽视乡村，大多数人不重视乡村经验，而且这种忽视往往是有意为之。一位在新泽西长大的朋友曾非常严肃地问我们中的一人：乡村小镇上的人是不是会和自己的表亲约会？在另一个场合，《金赛性学报告》（*The Kinsey Report*）指出，有人在课堂上戏谑地说，居住在农场的男子有40%与动物发生过性行为。这些偏见常常因其"幽默"而被忽视。人们认为应该严肃对待城市贫困人群这一紧迫问题，而乡村的穷人却被"视而不见"。因此，在多年思考"乡村理论"及其不足之后，我们聚集在一起撰写本书。本书并不全面，但试图深度探索影响"乡村"的问题。换言之，我们并未在这个问题上给出最终答案，而是发起一场本该发生的辩论，辩论的主题不仅针对乡村居民，而且涉及整个社会学。我们的讨论似乎不够深入，但希望提供多样的想法和观点，为那些对乡村文化、结构与空间组织感兴趣，或有志于研究这些要素间组织关系的学者提供借鉴。

在这项事业中，我们取得了一些成绩，也结识了一些同行，从中汲取灵感。这些学者每年都会相聚在美东区社会学协会（Eastern

Sociological Society）会议上，他们是托马斯·格雷（Thomas Gray）、斯蒂芬妮·贝内特（Stephanie Bennett）、凯伦·海登（Karen Hayden）和埃里克·"卢克"·克里格（Eric "Luke" Krieg）。我们也要感谢乡村社会学协会（Rural Sociological Society）的同事们——丽莎·普鲁特（Lisa Pruitt）和克里斯·斯泰普（Chris Stapel），以及其他间接提供帮助的人，如罗纳德·温伯利（Ronald Wimberley）、鲍勃·莫克斯利（Bob Moxley）、格雷琴·汤普森（Gretchen Thompson）和卡尔·吉查（Karl Jicha），他们的反馈和想法让这本书更有说服力。

在漫长的撰写过程中，还有许多人在默默地给予支持。格雷戈里的妻子梅根·富尔克森（Megan Fulkerson）在这本书出版的过程中一直耐心地给予帮助。同样，伊莱恩·洛（Elaine Lowe）倾听并参与了很多内容的讨论，包括文化、社会空间和变革、非人类动物与社会秩序之间的相互关系，以及优质啤酒酿造与乡村复兴之间可能的相互关系等，在这一过程中，我们相谈甚欢。

亚历山大·R.托马斯、布莱恩·M.洛、

格雷戈里·M.富尔克森、波莉·J.史密斯

纽约州奥尼昂塔

2011年1月26日

# 目录

# 引　言

1937年12月29日，美国社会学协会（American Sociological Society）1乡村社会学分部的成员聚集一堂，审议一份由五名成员组成的委员会提交的报告，以决定是否脱离"母体"组织，成立独立的乡村社会学协会（Goudy, 2010）。城乡差别从一开始就存在，斐迪南·滕尼斯（Ferdinand Toennies）的共同体与社会（Gemeinschaft and Gesselschaft）理论、埃米尔·涂尔干（Emile Durkheim）的机械团结和有机团结理论以及卡尔·马克思（Karl Marx）提出的新经济体系阶段论（the progression of new economic systems），都将社会变革理解为乡村地区原有社会关系解体，并被城市的新的非人格化关系所取代。在美国，社会学与旨在改善城市贫民生活条件的社会改革运动同步发展。美国第一个社会学系在芝加哥大学创建并不令人意外，因为那时芝加哥是地球上人口增长最快的聚居地之一。在欧洲，马克思的战友恩格斯（Friedrich Engels）在他的经典著作《英国工人阶级状况》（*The Condition of The Working Class in England*）中，揭露了19世纪40年代曼彻斯特城市生活的可怕状况，并将这些疾病和恶劣的工作状况与乡村宜人的生活环境进行对比。然而，即便关注到了城乡"连续统"（rural-urban continuum）[①]，进步仍属于城市，城市问题最终只是视为"进步"（progress）中存在的不足。

这些话题随着大萧条的出现而迅速淡化。19世纪美国大多数人口还居住在农场或乡村小镇，等到大萧条来临时大多数的美国人已经生活在城市。伴随着这一转变，城市问题日益得到重视，其解决方案往往涉及数量众多的人口与大型政府机构。虽然针对聚居地的模式和受其影响的生活方式的研究包含乡村社会学与城市社会学，二者属于一个连续的科学领域，但这两门学科所关注的问题却愈发差2异化。农业机械化对乡村社会学有非常重大的影响，但城市社会学对此却不那么关注。事实上，农业机械化对城市非常有利，可以增加粮食供应，降低生活成本。然而，它们对乡村生活的影响是毁灭性的。劳动力和儿童都离开了乡村，而他们的父辈却留在农场。类似的遭遇是，当代的城市化理论倾向于将城市视为与人口

---

[①] 连续统是一个数学概念，指"在实数集里实数可以连续变动"，这里指城乡形态呈现连续性的变化。——译者注

统计学相关的模型，而忽视乡村的存在。例如，同心圆理论（concentric zone）认为，城市持续扩展，会进入某种明显的地理真空；后来的扇形理论（sector theory）、多中心理论（multiple nuclei theory）的假设均基本类似。因此，1937年乡村社会学家宣布，美国社会学协会与他们之间已经不存在任何关联了，所以投票决定与之分离。

尽管这种行为源于某种合理性，但是对于乡村社会学与城市社会学（社会学作为一门科学）而言，所付出的代价是巨大的。乡村社会学在美国政府支持创办的学术机构中越来越边缘化，许多学术部门最终将其名称改得更通俗易懂，如"发展社会学"。在城市社会学中，城市自给自足的神话根深蒂固：城市是与其他城市关联的实体，在全球范围内搜寻各种"资源"。农业是所有城市人口赖以生存的根源，城市依赖农村腹地提供食物，但这种基本关系所产生的动力机制却鲜为人知（Thomas，2010）。乡村社会学在一个使其日益遭受贬损的社会里寻找感兴趣的受众，而城市社会学却毫无担忧地继续迈进，仿佛乡村只与游客相关联。这两个领域似乎要么安于现状，要么不知合作可以为彼此带来益处。

本书质疑这种城乡社会学的分异，而选择将二者视为关于同一社会现象的知识。因此，我们希望弥合两个领域，同时关注美国社会科学研究经常忽视的一种社会分化形式：城乡差异。虽然存在例外，但我们还是认为，乡村及其村民在以城市为主的社会中往往被边缘化，这一基本事实根植于"城市社会"的基本结构，不仅呈现在物质性空间之内，也包含于生产和再生产的文化之中。

为了理解这些复杂的社会动力机制，我们借鉴了城市政治经济学和文化研究的成果，从结构化视角转换至更偏文化主义者（culturalist）的视角。实际上，我们认为在当前的全球体系中，城市地区备受青睐，尽管只有一小部分特定人群能在城市地区中特别获益。这种城乡之间主导与从属的结构源自城镇化本身。社会结构往往以建成环境的形式再现出来，因此，对于社会空间的研究能让我们理解更多关于社会动力机制的知识。城市社会学家早在几十年前就展开种族隔离的社会结构研究，我们认为乡村社区也是这一社会结构的重要组成部分。空间亦会对生活在某一特定区域的集体文化产生影响，空间是人们日常生活的重要组成部分，日常生活又影响社会互动的本质（nature）和质量（quality），社会互动是文化生产和再生产的机制。因此，虽然本书研究的重点是乡村，但希望其理论应用能够超越乡村社会学、城市社会学，甚至社会学学科本身。

## 迈向乡村批判性理论

批判性理论缘起于20世纪20年代由法兰克福学派发起的一场知识分子运动，主要是回应马克思主义尤其是新马克思主义经济决定论的假设（Fuery & Mansfield, 2000; Marcuse, 1958）。同样，批判性理论家也拒绝将实证主义看作是社会科学研究最好的哲学基础（Bottomore, 1984; Morrow, 1994）。哈贝马斯（Habermas, 1971）尤为强调，实证主义具有一种内在的结构性和决定性的导向，并不能解释人的能动性（agency）。

因此，从批判性视角来看，社会科学拥抱实证主义的同时，限制了其自身的有效性（Tar, 1977）。然而，这不是一个完全公正的判断，许多社会学家采取类似于韦伯（Weber, 1949）新康德主义（neo-Kantian）的"解释性"（Interpretivist）方法。韦伯赞同的"理解"（Verstehen）实践，字面意思是站在对方立场上进行理解。象征互动主义（symbolic interactionism）（Blumer, 1969）、社会建构主义（social constructionism）（Berger & Luckmann, 1967）和现象学（Schutz, 1962、1964、1966）的研究方法与社会学中的主流实证主义方法格格不入，却与批判学派有着相似之处。批判学派拒绝接受马克思（Marx, 1967）和帕森斯（Parsons, 1937）影响下的结构决定论社会学，后者将个体行为者描述为可忽视和被动的人，不具备参与社会变革的能力。

与大多数马克思主义传统的学者一样，批判学派学者对人类的统治与压迫问题也感兴趣。与之不同的是，除了关注经济，他们的注意力更聚焦文化统治，同时置身于马克思和韦伯的研究传统之中。事实上，批判性学者广泛接受了韦伯提出的形式（formal）理性与实质（substantive）理性的概念。形式理性的内在逻辑是目的可以证明手段的合理性，因此需要以最有效的方式达到目的。实质理性更多的是从平等、公正和公平等基本价值角度对手段进行反思和批判。举个例子，如果我们从形式理性的角度来考察资本主义，它是一个高效产出的优秀制度；从实质理性的角度来看，实现这种高效产出结果的方式是有问题的，因为其依赖对工人阶级和自然环境的剥削与掠夺。

马尔库塞（Marcuse, 1964）特别关注技术在形式理性中的作用，并将其视为一种支配他人的手段。然而，这种支配并不总是让受害者感到痛苦，如电视节目向观众灌输文化价值和信仰，同时让观众感到轻松愉悦。同样，凯尔纳

（Kellner，1990）认为，电视通过向个人灌输预先包装的大众文化，摧毁了大众的自由与能动性。这些大众文化将现有社会和政治制度合法化，致使人们完全认同甚至拥护这些制度。这种现象是一种现实扭曲，正如鲍德里亚（Baudrillard，1983）在"超现实拟像"（the hyperreal simulacrum）概念中所指出的那样，它比原真性（original）更真实。事实上，对哈贝马斯（Habermas，1984）来说，交往行为是克服这些扭曲的一种方法，通过商讨达成共识，从而理解与感知何谓正确与真实。批判学派认为，大众并未参与社会交往行为，也未意识到大众文化给他们带来的诸多观念扭曲，因此完全被大众文化所支配。

（西方）马克思主义者的错误观念已经非常普遍，工人阶级的成员成为"利用自己"的制度的热心捍卫者（Agger，1978）。因此，为了反对文化与技术的"压迫性"本质，我们认为批判学派的最终目的应该是把个体从意识形态的控制中解放出来，尽管这些个体常常是非常接受和拥护这种意识形态控制的。哈贝马斯（Habermas，1971）认为，摆脱文化支配的能力取决于获取批判性知识。那么问题是：如何才能向大众提供这种批判性知识呢？有一种悖论：文化产业作为"控制"大众（mass domination）的工具——以电视和其他媒体为核心——也可以用于解放大众。针对批判学派的一项主要批评是它未能将解放思想以人人能理解的方式包装起来，而是采用难以理解的抽象理论概念，发表在公众通常不会阅读的出版物（例如学术期刊和专著）上。

## 5　　文化资本："城市范式"与乡村"统治"

在简述批判学派的观点之后，我们将其应用至乡村居民的"关切"（concerns and interests）之中。确切地说，我们希望迈向一种"批判性乡村知识"，彻底将乡村居民从一种城市导向的文化支配形式中解放出来。后者的意识形态可称为"城市范式"（urbanormativity），即一种城市才是规范而真实的观点，而农村是异常、不真实甚至离经叛道的。我们的问题是：公众在多大程度上接受了"城市范式"？他们是如何被灌输这种意识形态的？这种意识形态是否会以结构与空间的物质形态表现出来？以及这种意识形态是如何支配乡村居民及"擢升"城市居民的？

与此同时，在批判性尝试中，我们努力将另一理论植入城乡关系的政治经济基础之中，因为目前的城乡关系是"城市范式"的原因和结果，二者具有辩证的联系。乡村社会学领域已经从诸多方面分析了城市如何利用边远乡村的资源和人口。然而，为了支持这种城乡关系，还需要某种形式的意识形态控制来提供某种哈贝马斯式的合法性，证明现存制度是公平、公正和可取的。不出意外，"城市范式"的意识形态至少可引导出以下结论：对农村的压迫是无法避免的、不可逆转的和不可阻挡的；乡村居民应该是宿命论者，即便反对"城市范式"意识形态的蔓延，至少也是认同"城市范式"的。

从批判性视角和政治经济学出发，我们发现可以从布尔迪厄（Bourdieu，1986）处汲取理论养分，他将多种资本形式——金融的、象征的、文化的和社会的——整合为一个连贯的理论框架。我们还从提出"社区资本框架"的弗洛拉（Flora & Flora, 2008）那借鉴经验。布尔迪厄将文化资本定义为知识、技能和教育，它们为人们提供获得较高声望的机会。布尔迪厄认为，不同资本之间可以相互转换，文化资本可以转化为经济资本（货币）、象征资本（名望）或社会资本（联系）。同样，弗洛拉（Flora & Flora, 2008：18）指出，文化资本包括"具有经济和非经济意义的价值和生活方式"。弗洛拉认为，北美有许多文化资本，其中有一个占绝对支配地位。我们想补充的是，占支配地位的文化以"城市范式"为特征。换句话说，在支配性文化的语境中，导向较高声望的知识、技能和教育都围绕着城市展开。相反，与乡村相关的特征则转化为负面性的文化资本，没有催生优势，反而遭致各种形式的歧视。

为了研究文化资本和"城市范式"，我们跟随凯尔纳（Kellner, 1990）和马尔库塞（Marcuse, 1964）的脚步，实证性地探索文化产业，对描述乡村的影视作品的内容进行分析后，确定了许多主题——野性的（wild）乡村、质朴的（simple）乡村和隐居的（escape）乡村。此外，我们通过案例，分析乡村社区和乡村"拟像"（simulacra）的现象——乡村的超现实再现（hyperreal representation）。这种审视是一种尝试，以衡量"城市范式"的支配符号在现实世界中的表现程度。从极端情况来看，这种超现实实际上会取代真实的乡村，给我们一个迪士尼乐园的现实版本。乡村"拟像"按城市文化所认定的乡村形象塑造，目的是让到访乡村社区的体验更愉快，更符合支配文化的期望。如果真是这样，乡村地区的原真性特征和传统就会丧失。最后，为了理解乡村社区中城市文化的影响程度，我们使用空间分析方法衡量纽约州北部乡村社区的物质性特征和传统。正是通过这种物理空间的分析，我们认为政治经济与文化之间存在着一座桥梁。

在结束讨论之前，我们认为有必要评价一下与批判性视角相关的实证主义批评。为了对乡村文化进行实证评价，有必要对乡村地方的"真实"或"现实"的物质和文化结构提出论断，从而获得实证主义的客观性。如此这般，这些论断可能会受到其他观点的挑战或反驳，但我们欢迎此类学术讨论。总体来说，本文把批判性理论融入乡村研究，较少关注更为广泛的批判性学派对实证主义哲学思想的攻击。我们认识到这种方式的有效性，以及宣称（claimsmaking）某种意识形态压迫形式的可能性。但是我们相信，通过使立场透明化，我们可以以一种更负责和更可接受的方式行动；而且许多社会分析的实证主义技术可以用来研究批判性理论的核心内容——文化。

基于对乡村社区的就业、商品和服务类型的客观评估和量化，我们对城乡关系结构和空间的分析是实证性的。例如，人们可能会觉得很奇怪，在一个以农业为主的偏远乡村内发现了一个抽象的艺术画廊。这种情况显然与人们对乡村地区特点和传统的期望有出入，理解这种现象的唯一途径是转向实证主义的社会调查方法。除了这些客观的观察，我们还需要探索丰富的文化内涵。

最后，我们希望找到一种方法，在乡村研究中架起政治经济与批判性文化不同观点之间的桥梁。这更符合法兰克福学派批判理论的初始方向，该学派深受马克思主义政治经济学思想的影响，同时期望注入文化与意识形态支配的理念。我们分析的主要概念包括文化资本、"城市范式"、乡村"拟像"以及乡村社区的空间特征与传统。这些概念将用于主导性（dominant）文化产业的内容分析、基于GIS（地理信息系统）的乡村社区的空间分析以及乡村"拟像"的个案研究。这些都为创造一种批判性的乡村知识提供了基础，这种知识有可能将大众从针对乡村地区被忽视、被误解的少数群体的压迫性"城市范式"观念中解放出来。

## 乡村身份

本书主要基于宏观社会学的视角论述文化，同时需要指出，微观层面的意义和乡村身份的探讨同样重要。本书对乡村身份的概述不如钦和克雷德（Ching &

Creed，1997）的研究那样详尽，但我们将引导读者对乡村身份进行更全面的讨论。钦和克雷德编辑的文集旨在解决三大问题：① 文化等级的存在和随之而来的对"乡村"的贬低；②"为了对抗城市霸权而激进地拥抱边缘化"（Ching & Creed，1997：4）；③ 学者们未能将农村和城市视为重要的身份政治学——基于地方的身份展开研究。总的来说，他们对与身份政治学相关的大量文献进行了强有力的批评，尤其是对地方（乡村和城市身份）如何与身份的其他维度（如种族、民族、阶级和性别）交织的忽视进行批判。在试图理解文化研究学者的疏忽时，他们（Ching & Creed，1997：11）声称：

> 这些知识分子与"自由"的城市人勾结，把乡下人（rustics）描绘成与其他边缘化人同质化的群体。因此，被妖魔化的乡下人似乎应该理所当然地被贬低与忽视。

需要指出的是，无论基于何种原因忽视地方的身份，地方都是身份研究最为基本的重要组成部分。像列斐伏尔（Lefebvre）和索亚（Soja）这样研究"身份"的学者认为，乡村无关紧要的论断显然没有根据，因为就像钦和克雷德所提出的那样，人们会继续用"城市"或"乡村"来定义自己。

长期以来，学者们（Ching & Creed，1997）一直在讨论乡村的（rural）与 8
城市的（urban）、城市（city）与农村（country）（Williams，1973）或淳朴的（rustic）与文雅的（urbane）的含义，这些分类之间是否存在实质性的差异，以及这种差异从文化维度而不是简单的生态逻辑或人口观点来看是否重要（Miner 1952；Dewey 1962）。在这一点上，贝尔（Bell，1992）提供了关于英格兰奇尔德利村（Childerley）的一个令人信服的民族志（ethnography）案例。他指出，无论学者们怎么想，奇尔德利的居民认为"rural"与"country"是重要而有意义的标识符（identifier）。这很重要，因为诸多原因表明乡村身份具有某种地点上的益处（positional good）。例如，贝尔发现，当地人意识到自己与外人发生冲突时，他们会利用村民身份，争取其他"乡下人"的支持，保护自己的利益。因此，贝尔将托马斯（Thomas）的格言作为分析的出发点，即人们把某件事定义为真实的，其结果就会是真实的。如果把"rural"或"country"或其他类似的词作为其身份的一部分，而且其他人愿意接受和证实这一点，那么这种身份的影响可能是非常真实而具体的。贝尔指出，城市居民清楚地意识到"乡下人"的身份能够提供的政治资本，并经常试图以"乡下人"身份获得政治上的支持。

也许最为重要的是，贝尔的民族志揭示了考虑乡村身份时出现的矛盾。一方面，奇尔德利的村民对乡村环境的宁静、简朴和安全感到自豪；另一方面，他们很清楚外界的影响及其生活质量的下降，并且认为农场所有权的缺席（absentee）和"伦敦人"（城市居民）的涌入造成了乡村人情味（friendliness）的丧失和社区意识的塌陷。"淳朴"意味着简单、诚实和值得信赖，同时也可能是非智、倒退和保守。"文雅"恰恰与这些品性相悖。因此，大量的矛盾性和复杂性是源自场所身份。

贝尔的洞见可以运用于宏观层面。村民在理想和现实中对社区和自我的认知失调，或许可以解释为何研究人员难以构建一套简单的实证方法来分析易斯·维思（Louis Wirth）和罗伯特·雷德菲尔德（Robert Redfield）的理论中难以捉摸的城乡"连续统"（Miner, 1952；Dewey, 1962）。正如滕尼斯指出的那样，乡村身份的复杂性揭示了乡村是一个习俗和法理的结合体。尽管存在实证上的复杂性，我们还是有理由认为乡村身份是客观存在的。米勒和卢尔夫（Miller & Luloff, 1981）在一项重要研究中发现，美国"综合社会调查"涉及对堕胎、死刑、婚前性行为等一系列社会问题的看法，乡村与城市的调查结果显著不同，这表明乡村和城市的身份具有可测度的经验性基础。他们提出一个重要的结论，即基于地点的身份认同与当前居住所在地的关系并不强，而一个人16岁时的居住地与其是否认同乡村身份的关系更为密切。米勒和卢尔夫的最后一个观点与钦和克雷德（Ching & Creed, 1997）提出的论点有所交集，即基于场所的身份的"本质主义"（essentialist）假设：只有生活在乡村的人才会认同乡村身份。当然，身份的其他维度也有相似之处（Pruitt, 2008）。人们一直认为，在一个父权制和视异性恋为正统的社会中，拥有女性生殖器才能被认为是女性。然而，性别研究学者已经跳出了这种区分，指出男性可以拥有女性化的身份，正如女性可以拥有阳刚气概的男性化身份一样。按照同样的思路，可以认为某些城市居民可能具有乡村居民的特征倾向，而乡村居民亦有可能认同城市文化。正如我们所言，身份可以超越客观环境。这并不意味着所有人均能认可或接受这一观点，但这不会改变个人定义自己的方式。

### 神话：幸福的往昔

在结束乡村身份的探讨之后，我们对大众心照不宣的一个基本假设展开分析，这可能是关于地方身份研究被忽视的关键原因之一，即乡村在当下正经历巨变，农业衰退，新的通信和交通技术以新的方式将乡村与世界上的其他地区联系起来；与此同时许多城市不断扩张，与其腹地融合，很多乡村居民迁往城市，寻找就业机会。其结果是乡村地区的居住人口比之前更少了。贝尔在民族志中指出，奇尔德利的许多村民意识到了这些变化，即使他们仍然把田园生活视作其身份特征。人们倾向于得出这样的结论：乡村会被城市的"光芒"所遮蔽，研究乡村就像学习一门僵死的语言，有趣而毫无价值。

这一结论看起来很直观，却存在一些问题，因为人需要食品和衣服，这些物品的原料来自乡村。即使乡村生产完全自动化，也不能否定人们倾向生活在乡村和小规模社区的事实。也许更为重要的是，乡村的变化不是一种新的现象，缅怀田园诗般的过去也不是一种新的现象。在谈到这一点时，《乡村与城市》(*The City and the Country*) 一书的作者雷蒙·威廉斯 (Raymond Williams) 通过《乘坐电梯》("Rides the Escalator") 一文，采取回溯相关文献的方式，讲述了哀叹乡村变化以及乡村传统和乡村特征丧失的故事。文中电梯的第一站是20世纪乔治·斯特 (George Sturt) 于1911年出版的《村庄的变化》(*Change in the Village*) 一书，接着延续到19世纪托马斯·哈代 (Thomas Hardy, 1871—1896) 的小说，然后是18世纪戈德史密斯 (Goldsmith) 的《被遗弃的村庄》(*The Deserted Village*)（1769）。他写道：

> 嗯，现在，我想，我站在这里思考，
> 我看到乡村的美德离开了这片土地。(引自 Williams, 1973：10)

威廉斯继续回溯到16世纪托马斯·莫尔 (Thomas More) 撰写的《乌托邦》(*Utopia*, 1516)，然后到中世纪的文献。威廉斯的旅程和关于乡村衰落的争论，一直把我们带回到人类文明的起源——公元前800年古希腊人记载的亚历山大 (Alexandria) 城邦的变化。那么，我们能从威廉斯身上学到什么呢？回顾过去，看到乡村美好逐渐消失的趋势一直存在，所以如今人们担忧乡村发生变化也就不足为奇了，因为这种变化已经持续了上千年！然而，正如威廉斯所指出的，将过去的农业生活浪漫化是错误的。在资本主义之前的封建制度作为主要的生产方式时，这种误读尤为明显。在封建制度下，农民经常受到剥削，缺乏法律保护，且像牲口一样被买卖。因此，威廉斯把对失去乡村纯真的叹息称之为"往昔的幸福神话"（Williams, 1973：40），这是只有少数人从这种剥削和苦役制度中受益的神话。因此，我们不能忽视这一时期充满人类苦难的事实。

### 乡村身份研究

当目光投向乡村与城市的身份时，我们发现基于地方的身份政治学（identity politics）存在一个重大缺失。与其他形式的身份研究一样，基于地方的身份研究也受到了本质主义思想的影响，认为身份与客观环境紧密关联。这里的客观环境指某人的居住地。导致这种学术疏忽的原因并不明确，如钦和克雷德（Ching & Creed, 1997）所指出的那样，这可能是身份政治研究中盛行的一种城市偏见。我们敦促身份研究的学者留心这一偏见，拓宽视野，将基于地方的身份研究与种族、阶级、性别、性等其他维度的身份研究交叉分析。

除了学者们的偏见，基于地方的身份能为某些人提供一种目的感和意义感，而且还能为这些人提供多种特权（privileges）。例如，乡村身份拥有很高的政治资本——这一点对于希望捕获公众信任和信心的政客来说是不容忽视的。然而，基于地方的身份所附带的形象和意义是复杂且矛盾的。在任何情况下，像贝尔（Bell, 1992）一样，我们可以相信托马斯的格言：我们定义为真实的东西其结果就是真实的。乡村身份之所以是真实的，是因为它们被定义为实际存在的。相对地，它们的存在具有真实性和可度量性（Miller & Luloff, 1981）。这为证明乡村身份研究的合理性提供了基本前提。

由于乡村的本质及逐渐消亡的趋势，我们需要戳穿"研究乡村是不重要的"这种谬见。与其他形式的身份一样，与田园相关的形象和观念总是随着世界的变化而不断改变，把乡村身份等同于农业时代的乡村是错误的。这种静态的概念忽视了一点，即资本主义全球经济影响下的乡村地区正在被重新定义。正如上文指出的那样，大多数发达国家的大多数乡村地区已经适应服务型经济——这意味着乡村地区接纳了学院和大学、医院和宗教机构，而且很多乡村已将旅游业和零售业作为主要就业方向。如果仅仅把乡村与农业等同起来，它似乎不那么重要，但事实是乡村并不等同于农业。

同样，乡村地区的变化始于近期的观点也是错误的，乡村地区的变化在这个国家一直存在。那些认为我们已经失去了乡村黄金时代的想法仅仅是"往昔更幸福的神话"的结论（Williams, 1973）。在封建主义鼎盛时期，乡村地区常常被美化，但我们不应忽视这样一个事实，即乡村地区是人类历史上最恶劣的剥削和压迫发生的场所，在许多方面，情况仍旧如此。作为城市化的对立面，这难道不是一个很好的审视乡村身份、乡村生活和乡村文化的理由吗？

## 结构、空间与文化

批判性理论在乡村的应用中呈现的利弊被淋漓尽致地展现出来。通过分析基于空间而非社会身份（即种族、性别）的社会分层维度，可以探讨社会分层对社会身份的影响。正如我们即将要讨论的，乡村被当作资源开采地和城市产品销售地，在城市社会中处于不利地位。城市地区的资源依赖乡村地区，但在叙述或城乡关系上却往往相反。虽然乡村为城市提供资源，但典型的说法是乡村地区依赖城市地区的工业产品和资本。在世界各地的非城市社会中，农业村庄通常独立于城市，但这一事实往往被忽视。

我们对批判性乡村理论的研究并不是要淡化社会结构理论的影响，也不是要忽视人类知识和文化的社会建构理论。相反，本书的目的是探讨城市化的结构动力如何影响占主导地位的城市文化，以及其如何描绘和对待乡村社区。此外，本书还将关注城乡文化动态关系对乡村社区居民的影响。

### 结构

现代社会结构以全球性的政治经济为前提，全球经济可以理解为一个涵盖地球大部分地区的网络，尽管有些地区仍然极度缺少"现代性"。这一全球网络主要由"北方"国家主导，这些国家主要位于北半球，构成网络的"核心"（Wallerstein, 2004）。在这些核心国家中，权力主要集中在大城市，乡村地区与大城市对比通常相对落后。然而，核心国家的乡村地区在一定程度上与大都市（周边）地区的发展水平相似。例如，美国几乎所有乡村社区都能获得电力、电话和有线电视服务，但高速互联网或移动电话服务的情况就差很多，后两项服务质量在乡村地区往往"参差不齐"（Dabson & Keller 2008）。在全球网络的"南方"，也称为边缘地区，其经济也是以城市为基础的。在肯尼亚的内罗毕、印度的孟买等城市，跨国公司投资城市中心，创建模仿全球网络"北方"形态的中心城。在这里，人们有可能拥有与核心国家相似的城市生活方式。例如，内罗毕拥有现代化的天际线，孟买以其商业和财富而闻名。然而在这些城市的边缘，甚至在市中心区，都有大片的"棚户区"。城市贫民挤在棚户区里，憧憬着美好的未来。大多数城市内的城市贫困人口是离开乡村的第一代或第二代群体，他们为了寻找工作或逃离内地的饥荒而移居城市。无论在"北方"还是"南方"，在地理范围更大、更贫穷的内陆地区出现人口高度密集的城市是一种常态，而全球经济正是以这些城市为基础的。虽然在全球"南方"，城市与腹地之间的发展差异要大得多，然而在全球"北方"，这种差异也是显而易见的。

　　正如第1章将讨论的那样，"乡村"是相对于"城市"来定义的，因此应该被理解为城市化本身演化的一个方面。城市化进程中存在着一个矛盾：随着城市规模的扩大，无论是在农业用地还是在制造业的原材料上，对乡村资源的依赖度会越来越高。随着城市对腹地地区的影响力不断扩大，不可避免地会导致更多的人进入这一系统，而这又必然造成其进一步的扩张，以养活更多的人口。换句话说，城市不仅依赖腹地地区，而且这种依赖迫使城市进一步扩大其影响范围（Thomas, 2010）。这种扩张可通过武力实现。有证据表明，战争是城市人口扩张所带来的资源冲突的产物（Flannery等，2003；Ur，2002）。然而，运用强权往往效率低下，通过支配性手段（hegemonic means）获取服从是一种更为有效的机制。因此，城市对资源的依赖会涉及城市文化统治（cultural domination）：城市精英关于城市优越性的主张以及让乡村社区居民接受这种主张的能力，是城市社会运作的核心（Thomas, 2010）。

### 空间

　　这种结构性关系被"编码"至物质空间之中，存在于物质空间中的社会关系编码也是结构化（structuration）的重要影响因素（Giddens, 1986）。例如，莫罗奇（Molotch, 2000）等把社区的（文化）传统与其物质空间特征区分开。我们试图把社区想象成整体建构的系统，以扩展讨论的范围。乡村小镇及其直接腹地就是完整建构的社会系统的一个典型案例：通过提供就业、商品和服务等内容，乡村满足居民的基本需求。社区通常会有一个精英阶层和一些从属性的阶层，虽然乡村社区的精英阶层可能不属于整个国家的上层阶级。在许多乡村社区内，这种分层会出现邻里隔离。近年来，乡村社区系统的特定村庄可能集中居住了富人或穷人，类似于城市内的社会隔离（Thomas, 2003）。在大都市区，人口数量更多，活动的地理区域更大，但适用相同的原则：物质性空间对应社会关系进行编码，穷人、少数族裔成员被迫居住在内城，富人则住在郊区。在这种情况下，郊区可以被理解为城市的富人区，社会力量更为强大，能够抵制被并入更大的政府实体（即"城市"），从而可以成立小政府进行自我管理。

在城市社会中，财富集中在大都市区，尽管大都市区内的财富分配并不平衡。例如，在法国，财富集中在内城，郊区成为新移民和穷人的聚居区，这种模式与美国的模式大不相同。在美国，财富往往集中在市中心（downtown）和特权化的郊区。"二战"以后，美国大多数城市的财富聚集已经从市中心转移至郊区。从历史上看，随着城市体系的增长，富裕的乡村地区也会从其投资中受益。例如，早在20世纪30年代乡村电气化管理局（REA）成立之前，许多美国公用事业公司就将电力输送到小城镇，以获得更多客户。对于许多乡村来说，REA的目的不是"连接"城镇，而是向农民和其他居住在人烟稀少的内陆的居民提供服务。这部分解释了核心乡村与边缘乡村之间的差异：一个"健康"的城市系统会将其技术扩展到腹地乡村，以争取更多的客户；在资本主义经济中，规模经济影响下不能获利的偏远地区将得不到这种投资机会。从这个角度来看，资本主义不能将互联网宽带或手机服务带给整个城镇，这表明整个系统的"健康"（程度）正在下降。 14

## 文化

如前所述，城市文化统治是城市依赖性（urban dependence）的一个副产品。尽管这种文化动力（cultural dynamic）源于权力和资源，但一旦确立，就不再需要这种经济关联性。文化有其固有的动力，一旦在民众中建立了某种信念，这种影响就可以持续数代，即便文化特征的最初效用已经消退。换句话说，即使现实情况已经截然不同，城市文化的主导权也将继续存在。

美国文化认为，城市具有优越性，或者说美国城市被划分为不同的自治市，这些自治市一般被称为"大都会区"，因此，大都市区具有优越性。正如本书第3

部分将讨论的那样，大多数大众文化是基于"城市范式"这一假设，即大都市区的制度和环境才是"正常的"（normal）。在一个拥有艺术博物馆、购物中心、职业运动联赛、大学以及几乎所有（美国）城市拥有的许多其他机构的地方生活才是正常的，而乡村社区缺少这些机构。这种"城市范式"假设会影响地方文化。对于一些人，尤其中产阶级和上层阶级，他们能经常往返于大都市地区，能够为他们的孩子在大城市找到教育和就业的机会。对于其他人来说，主导性的城市文化规范和价值观似乎更具威胁性，他们有时甚至会强烈抵制这种文化，在某种程度上这可以解释"茶党"（Tea Party）在乡村地区的盛行。


## 关于本书

本书从政治经济学和文化视角，融合批判理论，对乡村地区进行探索性研究。在第1章定义"乡村"之后，我们将本书分为三部分：结构（第1部分）、空间（第2部分）和文化（第3部分）。第8章是本书的总结。

第1章概述乡村的含义，介绍了一般性的概念、政府或行政的定义，以及15　关于什么是乡村的多种学术理论。乡村的特征包含三个主要方面：人口学（人）和空间、政治经济组织以及社会和文化维度。乡村社会学的大部分焦点都集中在前两方面，对第三方面的关注主要在社会（互动）而不是文化（涉及生活方式、价值观、信仰、规范）。如果要把对城乡关系的理论认识提升到一个新的高度，采用批判性的文化分析方法至关重要，它可以填补学术文献中长期存在的空白。

第1部分由第2章和第3章组成。在第2章中，我们将城市化进程作为一种历史演进的生产过程并对其进行了历史考察，从而阐述乡村的多方特质。通过对古代萨马拉（Samarra）和查科峡谷文化（Chaco Canyon cultures）的历史分析，我们认为城市化（urbanization）比第一个城市（city）的正式出现早了数千年，且城市是都市生产系统演化的最终产物。我们将城市化定义为一种从始至终人为创造的综合性的生产体系。这与依赖自然过程、基于植物自然生长的农业生产的乡村生产方式相悖。反之，由于城市生产所需的基本原材料依赖乡村，因此需要对乡村的社会经济进行控制。这种控制偶尔会通过强制力来实现，但最有效的方式是通过支配性的文化控制实现。如此一来，这种文化支配对于受害者而言似乎有吸引力且合法，从而最大限度地减少抵抗，并使受益人（如城市精英）享受到日常的安全感。

第3章通过讨论乡村空间的主要理论，对城市化的兴起与城市发展的历史进行了回顾，包括经典的和当代的空间模型，如与芝加哥学派相关的古典生态学、新马克思主义空间理论的政治经济学和后现代空间等观点。这一章引入了将空间与文化关联起来的两个概念：传统和特性（character）。这些概念通过比较加利福尼亚两个完全不同的城市——文图拉（Ventura）和圣巴巴拉（Sanata Barbara），反映了围绕着特定文化价值观和信念的空间历史演变。该章阐述了文化传统如何通过空间环境自身的特征体现出来，从而实现文化与空间的融合，进而让人们对乡村地区产生三种基本的认知：狂野、质朴和隐居之所。

第2部分由第4、第5章构成。基于上文讨论的角度，我们可以依托文化传统来检视物质空间的特征。在第4章中，这些概念被应用于纽约的卡茨基尔（Catskill）山区。通过实证方法可了解到卡茨基尔若干方面的特征，包括住房类型（战后大量住宅和移动房屋）、经济类型（农业、制造业和旅游业）和各种社会性空间（便利店、超市、大卖场和零售店集群或商业街）。总的来说，纽约市的城市体系对卡茨基尔的侵蚀导致了"孤立的"（disembodied）零售带的扩张，这些零售带缺乏地方特征，会引发一种既熟悉又"无地点感"的奇怪感受。当人们行走在这个无特征的地理空间时，很难确定哪里是核心或中心位置，或是地方性社区的特征。相反，这个空间扩张并吞噬了周围的地方性与那里特有的传统特征。

在第5章中，我们将聚焦一个更抽象的问题，即大众对乡村的想象。我们详细讨论"城市范式"，即认为城市的生活方式是正常/规范的，非城市（即乡村）的任何事情都是反常的。我们用这一主题来分析影视中的乡村形象。具体来说，我们聚焦三部电视剧——《北国风云》（*Northern Exposure*）、《珍妮》（*Jenny*）和《双峰》（*Twin Peaks*），以及两部电影——《狐狸与猎犬》（*Fox and the Hound*）和《生死狂澜》（*Deliverance*）。这些主流媒体所演绎的内容就是第3章中引入的主题——乡村是狂野、质朴和隐居之所。

第三部分重点讨论文化，包括第6章和第7章。第6章将介绍和研究"乡村拟像"中的另一个新概念。这些地方意味着城市文化支配的最终形式，因为它们看起来像真实的乡村，但实际上是由城市消费所创造和为之服务的。这里借鉴了鲍德里亚关于拟像的概念——一个没有原作的复制品。乡村拟像是乡村小城镇生活的再现，将狂野、质朴和隐居之所理想化，并融入小城镇的物理特征之中。换句话说，小城镇的特征不代表真正的乡村传统，乡村传统的整合形式从未实际存在过，只是（主要由城市居民）想象出来的一种理想化的乡村概念，以吸引城市消费者。因此，当参观纽约的库珀斯敦（Cooperstown，棒球名人堂的所在地）时，首先迎接我们的是一个广告牌，上面写着：这里是美国最完美的村庄。事实上，这是一个合适的标签，正如鲍德里亚所说的那样：完美只存在理想化的现实或超现实之中，在现实中没有存在的基础。

在此之前，我们讨论了城市通过政治、经济和文化等手段控制乡村的问题。在第7章中，我们做了一个重要假设，这个假设表明城市文化支配的合理性，即城市是文化创新和社会变革的源泉。如果乡村是狂野且质朴的，它们怎样才能为社会变革和发展提供价值呢？借助历史，我们发现乡村不仅仅是城市创新的简单接受者。或者说，我们认为乡村也提供了许多重要的创新，有助于社会改善，包括废除奴隶制和创建政府"情报"（intelligence）工作。

最后，第8章总结了前几章的理论创新和实证分析，以期得出一些有意义的结论。我们探讨了批判性理论的含义，它在法兰克福学派中的基础，以及它对研究文化支配现象的重要性。此外，我们还讨论了如何将批判性方法整合到乡村研究之中，以提高对城乡关系的理论认识，并希望能为村民摆脱城市支配提供相应的方法。城市对乡村在政治和经济上的依赖保证了乡村的续存。然而，如果能从目前盛行的压迫性文化思潮中解放出来，乡村的本真将得到极大的释放。

# 第1章 什么是乡村

纽约州奥齐戈县（Otsego County）的青山绿水间，有一个叫哈特维克（Hartwick）的小村庄，属于哈特维克乡的主要组成部分①。奥齐戈县是联邦政府列为阿巴拉契亚（Appalachia）山脉最北部的县之一，哈特维克乡居住着约2 200名居民，临近库珀斯敦村——也就是棒球名人堂的所在地。该地以德国传教士约翰·克里斯托弗·哈特维克（John Christopher Hartwick）的名字命名。1746年，哈特维克来到纽约边境，为该地区路德教会（Lutherarn）的居民担任牧师。哈特维克有自己的信念，不能容忍饮酒和赌博这样的恶习（Taylor, 1995）。他深信在哈德逊河（Hudson）和莫霍克（Mohawk）山谷的德裔居住的稀疏的聚落民居形态会让好人沾染上不良恶习。1754年，哈特维克从莫霍克印第安人手中买下了后来被称为哈特维克的土地，意图建造"新耶路撒冷"——一座以中世纪德国较高密度的小镇为原型的上帝之城。但是直到1796年，濒死前的哈特维克在卡茨基尔（Catskills）已无法实现建造上帝之城的夙愿，于是他选择在其私人土地上开设路德神学院（Lutheran Seminary）（Arndt, 1937）。然而，由于几年前哈特维克在奥尼昂塔（Oneonta）镇附近投资建造大学造成了财政危机，1928年，神学院被迫关闭。现在修剪整齐的草坪和精心栽培的几棵老松树之间，坐落着美国第一所路德神学院纪念碑。由此通往三英里（1英里约等于1.6公里）外的库珀斯敦村的高速公路两旁，零星地排列着一些老建筑。在路德教堂（Lutheran Church）背面，有一个引人注目的大型青年棒球队营地，以及一系列酒店和餐厅，现在基本上处于季节性租赁状态。邮局几年前就撤出了哈特维克神学院所在的小村庄，游客们一般选择在库珀斯敦居住。

山的另一边是哈特维克村，一个大约600名居民的社区。正如镇政府所言，根据州法律，哈特维克并不是一个真正的村庄，因此没有精确的社区人口普查数据。哈特维克太小，不符合"人口普查指定地点"（census designated place, CDP）的资格要求，因此没有明确的属性区分。这里有两个特殊用途区：一个供水，另一个路灯控制，二者相互重叠但不完全相同。尽管如此，这个居民点从社

---

① 原文town的概念包含对应我国的镇和乡，就哈特维克的情况看，属于"乡"的行政级别，因此本书在上下文中将之译为"哈特维克乡"。——译者注

会学角度来看仍然是一个村庄，因为它有成簇群的房屋、能够凝聚社区的机构设施和经济关联密切的历史。然而，如今的到访者可能会发现该社区的地理范围很小，中心商业区衰败，完全依赖附近社区的如杂货店和学校等提供基本的服务。当然，该地仍然还有社区机构提供综合服务，核心是三所教堂和一个消防队。因为较少的人口与偏僻的区位，20 纪末和 21 世纪初哈特维克村持续衰败。自第二次世界大战以来，它失去了高中（1956 年）、小学（1976 年）、阿格伟饲料商店（Agway Feed Store）、超市和电器商店，只剩一个加油站和国际共济会分会。到了 1990 年，沿着主街的店面仅剩邮局、银行、一个时开时关的小食品店和退伍军人俱乐部。后来，小食品店也关了。

说起人口减少和建成环境恶化后的社区命运，人们会立即想到代表城市衰落的文化象征：南布朗克斯（Bronx）、洛杉矶中南部或底特律。21 世纪的美国社区衰退是一件很平常的事，根据同心圆理论（参见 Burgess, 1925），学者和民众都认为，衰落是老旧社区常见的现象，由中心向外蔓延。事实上，一些小城镇也会出现这种现象。在纽约北部的山区——一个相对繁荣的乡村地区，小镇破败的建筑和加了木板封存的沿街店面的残败景象掩盖了其他数百个小镇的衰落。人口和经济地位的不对等与多种城市弊病有关，这种不对等是城市种族和阶级隔离的根源，造成城市与郊区的社会与物质基础设施的差距，甚至促发犯罪、肥胖和更高的婴儿死亡率等社会问题。如果这些问题部分源自城市不同邻里之间的差异，那么乡村地区是否也会存在同样的现象？

首先，我们应该注意到这些问题在乡村地区很难被衡量。差异指数（Dissimilarity Index）是衡量种族隔离程度的一种统计工具，按照定义至少要有五万名居民，实际上只有在城市语境中才能被运用。与哈特维克村类似的那些不被法律承认的乡村社区根本获取不到这些数据，因此人们不得不调查乡（很小的民事部门）或县等层级的数据。这种衡量方式无法捕捉不同地理空间的细微差别。一个可能的替代方案是使用邮政编码测量数据，原因如下：① 可以衡量一个具有社会意义的空间（人们一般在自己邮政编码区域生活和支付日常开支），② 这往往是可获得数据的最小的地理空间，尤其在人口稀少的地区，地方合并的现象很少发生。许多有关社区的社会科学文献都以较大城市的研究为基础，对前 50 名的大都市地区进行取样十分常见，这些研究结果也只可推广到那些大都市区。那么，在政治经济上处于不利地位的乡村社区是否面临与城市类似的问题，比如，哈特维克村？

　　哈特维克的命运由该乡的两个商业区显现出来，即哈特维克村内的旧中心和库伯斯敦以南的新商业区。1960年，哈特维克中心占据一个街坊，大约一半为木结构建筑，其中一些可追溯至19世纪20年代。店面本身非常小，由于缺乏下水道系统，一些建筑没有自来水。一家电器商店占四个店面，一个杂货店占两个店铺。尽管如此，该地区具有步行可达性，提供日常生活所需的大部分商品和服务。五英里之外，在东山（East Hill）的另一边，哈特维克神学院所在地是一个沉睡的乡村小村庄，仅有一个邮局和若干房屋。

　　20世纪60年代，许多大城市实施了城市更新计划，时代精神鼓励小型乡村社区更新重建中心商业区的雄心。哈特维克村太小了，没有资格获得更新的资金，但是时代的文化造就了一个私人资助项目。1964年，哈特维克拆除了七个店面共五栋建筑物，腾出地方兴建了一个新的三层沿街店面综合楼和一个新的停车场。这条街道上的另一栋建筑也被拆除建造了新的消防站。另一条街道上也有三栋建筑物被拆除，以新建停车场。到1970年，哈特维克已经面临购物消费者数量下降的局面，拆迁进一步减少了村庄新的商业机会，连锁超市接替了1964年建成的购物中心，沿街店面数量不断消减。到1980年，商业中心衰败了，只留下前文提及的银行、邮局、小食品店和退伍军人俱乐部。

　　相反，20世纪80年代哈特维克神学院片区经济得到增长，增加了一个车库、一个加油站和几个小企业。1993年，一个新的购物中心开业，随后建成了另一个小型购物中心、一个新的青年棒球运动场和几家连锁酒店。这些新的发展不是基于原有的商业中心，而是为库珀斯敦旅游业服务。

　　自1990年以来，哈特维克村的情况非常稳定，仅有两项较大的变化影响商业中心。90年代政府开始提供911紧急服务，主街被重新命名为县11号高速公路。尽管这条公路几十年前就是县高速公路，但是过去约200年来，大多数居民仅把它称为"主街"。2010年，似乎为了终结商业中心，奥齐戈县"重建"了这条街道，清除了所有的公共停车场。随着哈特维克神学院片区商业带的发展，哈特维克村原有的商业中心在空间上日益边缘化。 22

　　哈特维克在更大的政治经济关系中也被边缘化了，这体现在"镇法"（town law）的法规中。纽约州的镇分为三类："一等镇"是拥有一万名以上居民的乡镇（township）或者是至少五千名以上的居民的乡经申请而被确认为该行政等级的区域；郊区镇是指靠近大城市且人口超过 25 000 名居民；其余镇被列为"二等镇"（NYSDOS, 2009：61）。哈特维克乡属于纽约州的二等镇，因此其权力比一等镇和郊区镇更受限制。尽管州政府对于各类镇允许的组织结构存在差别，但这种差别并不大。不过，州法律仍然按照人口对镇进行划分，且按照这种方式分散权力。从官方角度看，州政府对像哈特维克这样的二等镇保留了更多的权力，因为它们被定义为"州政府的非自愿性细划区（involuntary subdivisions），目的是使州政府更方便地行使政府职能"（NYSDOS, 2009：60）。因此，一等镇比二等镇的权力更大。表面上是因为较大的一等镇比二等镇更能发挥政府职能，但是这背后的逻辑值得深思。人们可能会认为一个更大的镇会拥有更多受过高等教育的居民，可以更好地执行政府职能，但是这个假设是有争议的。今天的哈特维克就有许多受过高等教育的人，如律师、医生和教师。20 世纪后期衰退之前，哈特维克与许多社区一样，居住着精英阶层，包括律师、医生和教师等专业人员以及企业主。而且，假定一个人必须拥有高等学位才能有效地执行治理工作，这会助长势利阶层。因此，纽约州并没有限制所有二级镇的治理，只是限制了一些权力。其假设从来不是二等乡村地区的镇不能自治，而是更加城市化的一等镇需要更多的权力，且后者在实施这些权力时其能力更可信。直至 20 世纪 60 年代，对乡村地区的镇的偏见通过修改州宪法而有所减轻，但城市偏见（urban bias）的术语仍然存留在纽约州"镇法"的条文中。1964 年地方自治权被授予二等镇，使得乡村和城市社区在法律层面更加平等。

如果说法律上的区分不重要，那么事实上的区分一定重要。哈特维克乡是一个二等镇，选民很少，即使居民非常积极地参与选举，人数也比城市少很多。换句话说，哈特维克相对容易被忽视。交通部是否因为人口少而忽视了哈特维克？不一定。任何基层官员的工作都很繁重，而且完成手头任务的时间相对较少。对于哈特维克的敌意不太可能存在，而且这些官员为乡和村庄提供服务的愿望十分真诚，但是来自哈特维克的请求可能会与人口较多的社区产生竞争。帮助哈特维克的意图可能会让位于那些权势更大的社区，忽视后者的诉求会影响很大一部分人群，因而更引人关注。事实上，哈特维克乡的命运在乡村社区很普遍，许多乡的居民数量比哈特维克还要少。

本书试图解释的正是这种现象。美国乡村社区规模小，数量众多，容易被一个地区的权力结构方式所忽视，这种权力结构更容易向那些人口多、实力强的社区倾斜。人口统计数据转变为权力，权力把整个社会转化为特权群体和弱势群体。权力也转化为文化动力（dynamics），从而强化权力结构。在分析这种社会状态之前，先讨论一下如何定义"乡村"。

## 定义乡村

对"乡村"的一般认识是田园牧歌般的意象，那里有田间土地、小镇、关系紧密的社区和诚实、勤奋、"只为努力创造"的"社会中坚"的农场家庭。这些想法被《草原上的小屋》（*Little House on the Prairie*）和《安迪·格里菲斯秀》（*The Andy Griffith Show*）等受欢迎的电视节目所捕捉和再现。与此同时，乡村同样有着危险、狂野、落后和原始的负面形象。这一点在《生死狂澜》（1972）和《德州电锯杀人狂》（*The Texas Chainsaw Massacre*，2003）等流行电影中尤为明显。在这里，乡村居民被描绘成狂野、恐怖和充满暴力的人。这些例子反映了媒体如何充分利用广泛存在的对乡村文化、乡村居民和乡村场所的传言与刻板印象。现实中的人将这些刻板印象带入他们的日常生活中，让这些刻板印象影响他们对于乡村的认知、关联与互动方式。

正是在媒体所再现和创造的文化语境下，美国人开始对乡村抱有竞争性和矛盾的情绪。当我们高度评价家庭农场及其所具有的纯洁的道德素养时，乡村被视为道德准则的来源；与此同时，当我们想到熟悉的刻板印象"乡下人"（redneck）、"乡巴佬"（hick）和"土包子"（bumpkin）时，乡村被认为是落后、"愚钝"和不道德的象征。我们的文化理解有多少基于现实，多少是"神话"，这些基于所谓的常识的理解是否合理？

通常情况下，当我们回过头仔细研究常识时，不难发现我们所知道的事实有一定道理，却被严重扭曲。正如伯格（Berger, 1963）所说，社会学的主要目标之一就是揭露普遍存在的"神话"。因此，我们检视社会学是为了重新审视乡村文化，对抗和揭示许多广为流传的"神话"和刻板印象，以及其对乡村居民和乡村场所的影响。最后，我们希望提供一个更为平衡、更有知情权的乡村文化观，同时为探索社会和空间不平等问题的社会学家提供一个新的研究计划。在分析乡村

24

如何与种族、民族、年龄、性别和社会阶层等问题关联时，这个观点会更为突出。

我们分析的第一步是：思考乡村的内涵是什么？毕竟，它可以指人、地点、职业、特定的社会互动模式和（文化）生活方式。进一步可以分析：以何种方式思考乡村是有效用的？每种乡村的优缺点又是什么？下文将讨论乡村的内涵。

## 乡村的"神话"与现实

在闲聊中定义乡村是一回事，为学术或政治目的定义乡村则是另一回事（Deavers，1992）。事实上，没有一种定义能够让所有人感到满意。2009年乡村社会协会杰出教学奖获得者罗伯特·莫克斯利（Robert Moxley）认为，任何定义都必须具备两个基本特征：一是符合初始目的，二是让受众接受。事实上，为了不同的目的，乡村定义已被修改以取悦不同的受众——一项对政府使用的多个乡村定义的调查恰恰证明了这一观点。

根据人口普查（2000b）的定义，美国仅有五分之一的公民为乡村人口。在全球范围内，由于农业生产方式的转变，城市人口在人类历史上第一次超过了乡村人口（Wimberley等，2007），因此亲身体验乡村生活的人越来越少，这使得大众文化独立于乡村现实而发展，从而形成了乡村"神话"和刻板印象广为传播的环境。在世界上的富裕国家，比如美国，情况尤其如此。这些国家往往是城市化程度最高的国家。

例如，人们普遍认为乡村等同于农业（agriculture）和农耕（farming）。乡村社会学协会前任主席罗纳德·温伯利（Ronald Wimberley）曾高呼："乡村不是农业！"他的意图并不是暗示农业与乡村生活无关，而是批判将农业和乡村混为一谈的错误观念。实际上，如果我们审视发达国家的职业数据，可以发现乡村职业与农业关系不大，而是更多地与娱乐、休闲、制造和服务等就业岗位有关。事实上，美国只有不到五分之一的乡村地区依赖农业（Deavers，1992）。此外，自20世纪80年代以来，大多数乡村就业的增长都来自服务业（McGranahan，2003）。对于那些从事农业的乡村地区，可以用一个具有讽刺意味的词"工业化"来准确形容。这是因为中小型和家庭自主经营的农场已经被大型和企业化农场所取代，而农业生产也已经成为资本密集型而不是劳动密集型产业。因此，《草原上的小屋》中的故事并不能代表现代乡村。工薪阶层通常作为从事农业工作的主力，他们在极其危险、严苛的条件下赚取微薄的收入。因此，被广泛知晓的农业和农耕只是乡村生活中的一个方面，在目前的乡村地区最多只能发挥辅助作用，并且以工业化农业的形式存在——这种情况大多数美国人并不了解。为什么美国文化继续将乡村农业生活理想化，这是一个有趣的问题。从政治角度来看，不难发现这种说法长期存在有利于强大的农业利益集团，这些集团寻求对"帮助农民"政策有利的公众态度，即使在现实中他们只帮助大型农业企业。那么，如果乡村不是农业，它是什么？

除了对农业的基本认知，也可以通过另一种方式来思考：将它与过去相对同质的小镇中发现的紧密的团结方式联系起来，就像安迪·格里菲斯（Andy Griffth）"神话"。小镇的生活似乎意味着"每个人相互认识"，而且通常都是"养育子女的好地方"。对这种乡村观念的批判性审视，要求我们把它视为一种社会交往的形式，而不是某种水平的人口规模或密度。目前，有一种经典的思考社交互动的社会学方式。斐迪南·滕尼斯提出了一种类型学方案，用于比较乡村和城市地区中社会互动的特征，被称为"共同体与社会"。在这组类型学模式中，滕尼斯研究了基于"自然"意愿和"理性"意愿的两种不同的社会互动形式。他所传达的基本主题是：在乡村社区，人们更有可能在个人亲密关系层面上相互联系；而在城市社会，人们更有可能在基于交易的疏远的非个人层面上相互联系——比如我们在商店停下来，购买一个商品，然后带着标准的一句"谢谢，祝你愉快"离开。滕尼斯的类型学理论认为，在乡村社区，这类带有交易性质的互动被视为冒犯。相反，乡村社交互动往往包括讲故事和涉及个人细节的长谈，城市居民可能会觉得这些内容令人反感。社区和社会的类型学提供了一种便捷的方式，用以思考乡村和城市社会互动的差异性特征，同时它也存在一些问题。这种思维的主要问题是它将现实视为固定不变的东西。公平地说，我们应该注意到，滕尼斯并不是让我们接受一个简单化的解释，而是认为二者在某一个地方可能同时存在。然而，在类型学比较中，如果把乡村社区看作近距离的亲密关系，把城市社会看作疏远的非个人关系，我们可能会更加固化原有的刻板印象，而不是展开批判。一个住在偏远乡村的女人通过电子邮件和聊天室与人交流了几个小时，很少离开家，在她毗邻的物质空间里与其他人有亲密的关系吗？她是否体验到了社区关系？相反，一个男人生活在一个 1 000 万人口的城市中，经常光顾同样的商店，经常和同样的人交谈，他是否会体验到城市社会的冷漠呢？事实上，城乡社会文化现实并非一成不变，而是动态与多样的，尤其当我们考虑到新的电信技术所产生的影响时，这些技术改变了乡村和城市地区人们的沟通方式。

乡村社会学领域的批评者一直关注类型化思维的缺陷。帕尔（Pahl, 1966）认为，类型是由"传奇化"的特征建构，而不是由可被观察到的乡村或城市地区的真正特征所组成。此外，他表示将社会互动模式与特定的地理特征联系起来是徒劳的。另一位类型学的批判家科帕宣称（Copp, 1972；引自Newby & Buttel, 1980：4）：

> 没有乡村社会，也没有乡村经济。它们只是我们分析上的区别，是一种修辞手段。不幸的是，我们往往被术语的表里不一所误导。我们倾向忽视乡村对整个经济和社会的影响。我们倾向认为乡村是一个独立的实体，可以在非乡村部门恒常的情况下发展。我们的想法被自己的话语所迷惑。

科帕的批判性观察或多或少表明了乡村被社会建构的方式。换句话说，如果我们把某物定义为乡村，它就是乡村。这些批判观点为乡村社会学的新理论打开了大门，其中就有马克思主义政治经济学的观点。纽比和巴特（Newby & Buttel, 1980：15）认为，新乡村社会学将注意力转移至"发达资本主义的农业结构、国家农业政策、农业劳动、区域不平等和农业生态"。换句话说，在阶级关系、劳工和环境问题以及空间和地理不平等上，乡村被定义为一系列特殊的社会不平等。乡村社会学揭示了资本主义进入乡村后，地主与劳工之间形成的独特关系。这种观点不太关注社会互动、人口规模或密度，而是将目光更多地投向乡村生活的物质基础，主要从空间或地理角度界定乡村。

弗洛拉（Flora & Flora, 2008：7）指出，乡村社会建构（socially constructed）的本质是"通过命名赋予一个地方特定的特征，由此反映人们和机构对待乡村的态度与行动准则"。这就是政府机构在决策援助乡村计划时的方式，或者是这些机构收集与这类计划有关的数据时的态度。政府机构提供的可获得的数据又影响了学术界接受和使用官方对乡村的定义。因此，目前使用的一些官方定义值得商榷。

## 官方定义

美国人口普查为学术界提供了数据来源，它们通常成为分析美国乡村问题的数据基础。人口普查（2000b）对乡村的定义如下：

> 人口普查局对划分的"乡村"包括位于UAs和UCs之外的所有土地、人口和住房。乡村包括地方（place）和非地方的属地（territory）。地理区域，如人口普查区、县、大都市地区以及大都市以外的地区，通常按城乡区分，土地之上的人口和住房一部分归入城市，一部分归入乡村。

上文中，UAs指代城市地区，UCs为城市簇群（clusters）。城市地区包括一个人口5万或人口密度为1 000人/平方英里的中心城市。城市簇群包括一个核心和相邻的人口密集的区域，人口规模在2 500～49 999人，人口密度为1 000人/平方英里。乡村被定义为不在城市边界内的其他空间。一些联邦机构依据人口普查数据用它们特有的方法识别乡村。

另一个官方定义来自管理和预算办公室（Office of Management and Budgetment, OMB），包括大都市、非大都市和新近增加的小都市（micropolitan）。一个地区想要成为大都市，它或者（a）包括至少5万人口规模的城市，或者（b）包含一个由人口普查定义的5万人口的城市地区，并且大都市的总人口不少于10万人（新英格兰为7.5万人）。乡村被定义为非大都市——在大都市统计区域外的任何乡镇。

美国农业部（United States Department of Agriculture, 2009a）的经济研究处（Economic Research Service, ERS）提供了第三个常用的乡村定义。ERS采用更复杂的方法，其中包括城乡统一编码（USDA, 2009b）的定义方法，以避免简单二分类方案的缺点。这种等级划分有助于回应毗邻城市地区而产生不同层次的城市化状态，市区编号为"0至3"，非城市编号为"4至9"。大多数乡村地区的编号为"9"，是指规模不到2 500人，与大城市不相邻的区域。

事实上，不同联邦机构对乡村定义的差异很大（Cromartie & Bucholtz, 2008；Flora & Flora, 2008），这是因为在界定乡村时遇到的困难是多方因素造成的。然而，克罗马蒂和布尔乔次（Cromartie & Bucholtz, 2008）发现了一　　28

个共同主题（theme），即乡村通常被定义为不属于城市的地区：

> 通过界定城市地区，乡村被定义为不被包括在城市内的领域。在选择适
> 当的乡村定义时，正确的做法需要理解城市实体的关键特征，以及明确从中
> 衍生出来的决定性的乡村特征。

归根结底，城市的官方定义由特定区域、地理或空间位置内的人口阈值来确定。换言之，人和空间代表城市，而乡村则指代所有剩余的人和空间。人们不能忽视这一逻辑赋予城市人的优越感。这种"都市性"是有价值的，它排除了一种可能性，即先定义乡村，然后将所有外部区域标记为城市。从空间的角度看这是合理的，因为美国的大多数土地实际上都属于乡村。

还有许多思考乡村的方式被联邦机构忽视。使用官方数据的学术研究仅限于官方对乡村的解释，反而忽视了社会文化或政治经济概念，这些概念在理论上可能更有趣。这一事实令人不安，因为当前最需要的是在政治经济、社会和文化景观之间建立起理论桥梁。我们重点关注的是在学术界和政府机构普遍缺乏的对乡村的文化定义。

## 关于乡村的学术概念

从学术上看，城市和乡村的定义涉及人口、地理（即空间）、政治经济和社会文化的结构。在地理意义上，乡村是指大片的开放空间；在人口统计意义上，它指的是偏低的人口规模或密度；从社会角度看，乡村地区的典型特征是从强纽带（ties）至弱纽带之间的高度关联（Wilkinson，1994）；在经济和政治方面，乡村地区日益多样化；在文化上，乡村地区要么被描述为由城市支配的信仰和价值观的利用（exploited）对象，要么（不常见）被描述为文化创新的重要来源。这些概念之间有不少重叠之处，下文将对每个概念进行详细讨论。

### 乡村的人口与空间

29

从字面上看，乡村的人口和空间指的是"人"和"土地"，其优点是便于直接测算，而难度在于乡村地区的人口规模和土地面积是否存在精确的分界点。就

人口而言，随着官方定义的差别，美国乡村人口的百分比从17%到49%不等（Cromartie & Bucholtz, 2008）。

从人口统计学角度看，一个典型的学术定义为乡村是"一定空间范围内人口规模小、密度低的人类群体"（Fuguitt, 1992：7）。这一定义虽然逻辑合理，但是在分界点（cutoff points）上显然是不精确和不具体的。一般而言，这一方法用于讨论移徙模式、变化的生育率与死亡率、乡村地区中种族构成以及人口集中或分散等问题。例如，海姆利希和安德森（Heimlich & Anderson, 2001, in Jackson-Smith, 2003）认为，影响乡村地区的主要趋势有两种：城市边缘的发展以及远离现有城市地区进行"大面积"住宅或娱乐用地的开发（Jackson-Smith, 2003：308）。蒂格斯和福吉特（Tigges & Fuguitt, 2003）认为，这些趋势能用人口分散的观点来解释，这种观点强调城市居民对乡村生活的偏好。总的来说，美国并不缺乏空间。根据管理和预算办公室（Office of Management and Budget）指定的框架，84%的美国土地都不属于城市（USDA, 2009a）。以下内容出自约翰逊–史密斯（Jackson-Smith, 2003：307）：

> 除了大约4亿英亩的联邦土地，48个州中近15亿英亩的私人土地主要由农田和牧场（pasture）（36%）、大型农场（rangeland）（27%）和林地（27%）组成。相比之下，已开发的土地仅占私人土地基数的6.6%。

已开发的土地只占总面积的很小一部分，尽管如此，美国仍有三分之二的居住空间在乡村，而且大多数（60%）的地块面积在10英亩以上（Jackson-Smith, 2003）。因此，从严格的土地基数来看，城市才是反常的一方，而不是乡村。

### 乡村的政治和经济

乡村政治经济学有着关注乡村特有阶级关系的悠久传统，这为研究乡村居民奠定了基础。其中，乡村政治经济学的大部分内容针对与不同农业生产形式有关的社会分层。例如，斯汀康比（Stinchcombe, 1961）认为，与正统马克思主义基于职业的分层不同，乡村地区的分层以土地所有权为基础。此外，他还宣称，乡村分层可以根据农业生产的不同形式而有所差异，例如庄园或庄园制、家庭规模的租赁、家庭小农经营、种植园农业和牧场。这些会造成法律特权、生活方

30

式、农业技术的分布以及政治组织和活动程度的差异。同样，加勒特（Garrett, 1986）区分了小农、小商品生产者和半无产者三个阶层，并认为不同类型的分层与阶层自身需要不同的政策与技术方案。

沃尔夫（Wolf, 1999 [1969]）运用历史比较法分析了农民在自下而上的社会变革中所扮演的角色。通过对俄罗斯、越南、墨西哥、阿尔及利亚和古巴的研究，沃尔夫指出这些国家的失败之处。他认为，持续损害农民利益的土地圈地问题不可避免地会引发要求重新分配土地的起义。沃尔夫对州政府内部和州政府之间的殖民剥削关系进行了古典式分析，他始终关注工业化农业、出口导向型农业和无产阶级化农民（将他们转变为雇佣劳工，通常迫使他们迁移到城市地区）所产生的过程。当代对类似问题的分析包括佩奇（Paige, 1997）对中美洲国家和美国咖啡贸易造成的不平等模式展开的调查，以及麦克迈克尔（McMichael, 2000）对殖民主义、"发展项目"和"全球化项目"的概述。

并非所有政治经济学方法都如此看重农业。麦克迈克尔（McMicheal, 2000）将讨论扩展至与新的全球治理结构相关的更广泛的经济问题。在全球化项目中，发展中国家继续出口原材料和农产品，但除此之外，还通过引入经济贷款和外国直接投资，使出口得以扩展到更多的专业和技术领域。

迪福（Deavers, 1992）认为，乡村地区的独特之处在于专业化的经济，或者说经济结构缺乏多样性。乡村作为一种专业化的经济结构，这一概念耐人寻味。它符合城市社会学中增长机器的论点，即地方政治往往与经济增长紧密相连，从而损害了社会和文化的议程（agenda）（Logan & Molotch, 1987；Humphrey & Wilkinson, 1993）。其与农民研究的一个共同主线是交换价值和使用价值之间的竞争。随着乡村地区被纳入城市体系，它们越来越多地倾向于交换使用价值。相比之下，城市是指那些为不同规模的特定区域提供中心功能的地区。

31    **乡村的社会和文化**

从分析角度来看，最易被忽视的乡村概念是社会文化。早前，我们注意到滕尼斯的类型学方法中提及的城乡文化差异。类型学的一个缺陷是假设城市或乡村文化能被看作是同质化的实体。例如，当政治权贵提到"蓝色"[1]和"红色"[2]州之间的

①"蓝色"代表美国民主党。——译者注
②"红色"代表美国共和党。——译者注

文化战争时，他们便陷入误区。这一论点隐含着这样一种观念，即城市人和乡村人的价值观和信仰存在显著差异。在这种差异中，城市人被视为自由派和进步派（以及民主党人），而乡村人则被视为保守派和传统派（以及共和党人）。菲奥莉娜（Fiorina，2010）等人批判了这一论点的单一性，认为文化差距被严重高估而且耸人听闻。她认为乡村"红色"和城市"蓝色"之间存在显著且一致的差异，但这种差异实际上很小。在大多数政治问题上，我们看到的不是分歧，而是正常的"钟形"（bell-shaped）曲线。

同样令人担忧的是，我们可以谈论单一的城市或乡村文化，但实际上城市和乡村地区都有显著的多样性。我们认为，乡村地区的文化多样性与相关城市的政治经济支配程度密切相关。当乡村地区能够避免与城市进行政治经济合作时，就能更好地参与文化创新。因此，与那些将乡村视为被动接受文化变革的陈旧观点相反，我们认为乡村地区是文化创新潜在的积极推动者，并有能力影响城市。

威尔金森（Wilkinson，1994）提出了一个关于乡村的社会性概念，即乡村地区由于其强纽带与弱纽带的高度关联而具有独特性。换句话说，个人认同社区，以及个人与社区的关系导致强烈的地方依恋感和微弱的外部附属感。然而，威尔金森并没有理想化或浪漫化这一点，而是提及格兰诺维特（Granovetter）关于"弱关系的力量"的论点。他指出，只有通过弱关系，个人才能实现人力资本的发展。因此，威尔金森认为，乡村社区中紧密的联系是一项需要克服的挑战。

乡村的社会文化概念也许是最难以捉摸、最不适合直接实证测度的，同时（对我们而言）也最为有趣。由于它杂乱无章的特质，我们设法将其融入其他概念中，而不是将它们排除在外。因此，在讨论乡村文化时，我们可能把重点放在人口规模和密度较低的地区，也可能侧重在经济上缺乏多样性的地区。

## 批判视野中的乡村

32

概念化（conceptualize）乡村并非是简单化的，而是包含了许多不同的形象和理念。这种方式同样适用于我们在学术界遇到的其他有趣的概念。例如，社区、社会阶层、偏见、抑郁、智力、社会资本等都没有明确的定义，但是人们可以找到许多与这些概念相关的文献，因为它们的定义虽然很笼统，但一致被认为是重要且值得研究的。我们对乡村的研究也是如此。虽然我们不拒绝上文提及的许多不同的概念，但我们将设法阐述乡村文化，因为它是最难以捉摸且不安定的因素。同时，即便从文化视角来看待乡村，也需要将其他一些概念融入进来，因为它们不可分割。例如，虽然乡村文化可以被认为是其共同的价值观、信仰和思想，但也可以根据人口和空间的界限，或者根据政治和经济参数来界定乡村。乡村文化可以是生活在低密度、小规模社区里的人们的行为、价值观、信仰和思想，也可以被定义为生活在缺乏政治和经济中心且经济基础单一的地区里的人们的行为、价值观、信仰和思想。

# 第一部分　结构

33      通常大家都认为"乡村"与"自然"两个概念相似，但实际上不应将二者混淆。自然环境被假定为没有或很少有人类的干预，某些乡村环境确实如此。然而，许多乡村的风景已不再自然。农业需要将森林或草原改为农田；干旱的农地需要大量的灌溉，才能使"沙漠"开花结果。乡村应该与城市放在一起理解，实际上乡村这个术语通常是"非城市"（not urban）的同义词。这虽然在流行文化中常用，但这种理解城乡关系的方法难以证实。我们认为乡村地区应由以下两个方面来定义：一是城市化发展水平（相对较低），二是物质生产的关系。

      为了更好地衡量城市化，我们应该承认一个基本事实：城市化改变了物质环境；因而只有在很少或没有人类干预的情况下，环境才是"自然的"。之所以说"很少或没有"人为干扰，是因为在许多情况下，完全没有人为干预并不比有人类活动更"自然"，毕竟，人类是自然环境的一部分。然而，人类社会进化成为一个复杂的觅食社会，在这个语境下分析人类活动才是"正常"的（Massey，2005）。在农业社会中，人类对环境的影响更为显著。例如，在公元前90世纪中期，现今的土耳其和叙利亚地区驯化了羊群（绵羊和山羊），导致耕地减少，进而危害城市的生存（Thomas，2010）。与此形成鲜明对比的是，大多数现代城市的中心地带，如曼哈顿和芝加哥市中心的过度开发建设使得原始景观消失殆尽。

34      物质环境的发展水平不是城市化的唯一衡量标准。城市化是人类一系列相互作用、发展贸易关系和相互依赖的过程，其结果是产生了人类定居和活动的节点，我们称之为城市。这些城市常常被划分为不同等级——从最强大的城市（例如纽约、伦敦和东京）到偏远的乡村小镇。在第2章中，我们会区分两种生产形式：乡村生产和城市生产。我们认为，城市生产依赖乡村生产，这种依赖会产生一系列的文化动态：城市体系日益扩大；城市文化支配权不断凸显。正如托马斯（Thomas，2010）所说，这种文化动态通常被认为与资本主义的兴起有关，但是它们在前资本主义时代的城市中就出现了。

      哈特维克的空间与结构相辅相成。该乡的地理位置决定其在全球政治经济中的地位：由于远离权力和贸易中心，哈特维克一直处于全球城镇等级体系的最底层。它起初是一个自给自足的农业社区，随后在更广泛的全球体系中转向农业贸易。因此，它是一个生产中心，有时也在资本主义模式下进行贸易生产，但它从未成为主要的贸易中心。直到20世纪60年代，哈特维克才成为当地和更广泛的经济体系之间联系的交点：农民从火车站向外运送货物，当地居民在商店购买城市制造的"礼物"，但这些交易始终都是为了维持生计。对奢侈品的渴望常常需要在当地的"市场"小镇库珀斯敦，甚至是尤蒂卡这样的区域性城市来满足。根据系统等级大小排序，哈特维克只是全球经济中最基本的那一类。这个系统既是一个向腹地输送城市物品和电能的分配系统，也是一个收集腹地资源供城市使用的系统，更是一个城市系统。

虽然人们普遍认为社区在全球等级中的地位与其自然特征有关，例如天然港口，但人为特征也会影响社区地位。例如，在20世纪60—70年代，纽约州考虑建造一条从尤蒂卡至南部高速（Southern Tier Expressway）的高速公路，该高速公路将在距离哈特维克1英里的地方通过。如果为村庄建造高速公路出口，哈特维克将成为尤蒂卡—纽约郊区走廊的一部分。提高这两个城市的可达性可以为该村带来新的投资机会，吸引大城市的游客并创造新的就业岗位。然而，哈特维克神学院沿着通往库珀斯敦的州道修建了一条连接道路，哈特维克村由此错失去了许多经济发展机会。

# 第2章　乡村政治经济

　　"乡村"通常与"城市"相对应。无论当今世界如何定义"乡村"和"城市"，二者的历史背景密切相关。城市不是人类社会进化的必然结果，城市与乡村的区别亦非必然。城市产生于特定的社会环境，并且在人类历史中，绝大多数城市的产生均受到来自其他城市文明一定程度的影响，如"新月沃土"（the Fertile Crescent，中东新月形古代农业区域）东部、中国和中美洲。城市可能独立出现在安第斯山脉，但即使在埃及和巴基斯坦的物产丰富的印度河流域，城市也多少会受到外界贸易的影响，尤其是与美索不达米亚的乌鲁克（Uruk）文明（Redford, 1992）的贸易往来。

　　社会科学中常见的一种说法是，城市的崛起是一系列"革命"的结果。实际上，"都市革命"（urban revolution）经历了数千年的时间，比城市（cities）支撑农业发展的时间更长（Thomas, 2010）。农业被理解为因满足人类需要而有意识地种植植物或驯化动物的活动，大约开始于公元前9400年，并且以最基本的方式进行（Bellwood, 2005）。植物种植的最早证据来自叙利亚的阿布胡赖拉（Abu Hureyra）遗址，可追溯到公元前11世纪中期（Moore等, 2000）。阿布胡赖拉是一个重要的遗址，属于最早的农业村落，同时也是广泛的前定居式农业实践即非野生种植实践的遗址，但是前者的意义被忽视了。在前定居农业实践中，村民在各个固定的村庄里种植谷物和其他植物。阿布胡赖拉的实践导致了一次"意外"的"驯养"，这种驯养在公元前11世纪结束前已经消失。在阿布胡赖拉之后，最早的驯化植物是出现在吉尔加（Kislev等, 2006）的无花果。两百年

后驯化谷物迹象出现在"新月沃土"北部的"拱门"地区，即现在的土耳其南部与叙利亚、伊拉克北部（例如美索不达米亚北部）区域。但无论有无驯化的植物，最早的种植形式似乎在公元前9500年就已经在该地区广泛传播。约公元前8500年，已经有了第一批用于农业的驯养动物，主要是绵羊和山羊。另外值得注意的是，在此时，狗作为人类的优秀的狩猎伙伴已有数千年之久（Cauvin, 2000）。

　　在延续两千年或更长时间的农业革命后，进入城市诞生的阶段（案例详见Boone & Modarres, 2006；Massey, 2005）。这种方法有两个问题：一是它限制了所讨论的时间段；二是忽略一些中间步骤，这些步骤对希望了解城市故事的人来说并不重要，但对解释城市的出现颇有意义。

地球上最早的乡村出现在公元前9世纪中期的"新月沃土",尤其指其北部地区。当然,这种说法忽视了上文对"农业革命"的分析。"农业革命"被分为三个阶段:前农业驯化时期(公元前10500年—公元前9500年)、纯种植时期(公元前9500年—公元前8500年),以及常认为包括驯化植物和动物的全面农业时期(约公元前8500年及之后)。第一批该区域的城市出现在公元前4000年左右,比第一个"真正的"乡村(公元前8500年)的出现滞后约5 000年,或者说比阿布胡赖拉的第一次试验滞后7 000年。甚至在美索不达米亚的第一批城市出现之后,它的竞争对手花了数百年的时间才在黎凡特(Levant)和印度河流域等地发展壮大。既然第一个农庄和第一个城市出现的时长同样久远,难道那些早于城市出现的农业村庄,其发展历程不与最早期的城市一样重要吗?当然!事实上,这些早于城市的农庄的发展历程表明了城市化是一个社会系统,因此可以推导出与今天类似的城市与乡村的定义。

## 联合发展与不平衡发展

在《政治经济学批判大纲》(*Grundrisse*)一书中,马克思(Marx, 1993 [1858])指出,发展是在某些阶层和地区之间"联合"积累财富的结果,它会造成财富在整个社会秩序和空间中的分配不均。本质上,财富会积累到特定的城镇,或是城镇中的特定邻里,抑或是特定的地区。地方经济中的资源分配不均衡是造成这一现象的原因,这也很好地描述了城市与它的腹地(乡村)间的关系。史密斯(Smith, 1984)认为,资本主义下复杂分工的出现使一些人积累的财富比其他人多得多(联合发展),而其动力又是在不均衡的空间环境(不均衡发展)中产生的。 37

列夫·托洛茨基(Leon Trotsky, 2007 [1905])在试图解释和预测俄国(Lowy, 1982)的共产主义革命进程时,讨论了联合发展和不平衡发展的概念。托洛茨基认为,农业导向的发展模式使其家乡被视为"落后"的土地,因此任何革命首先必须是"资产阶级"导向的,其作为社会主义必要前提,是一个不再以封建主义为基础的新型农业体系。俄国革命最终淡出人们的视野,但关于联合和不均衡发展的基本分析框架已成为社会学领域常用的跨学科分析工具。

托洛茨基承认，各国的发展速度不同，有些国家（如美国和英国）的工业化进程比他的祖国俄国和其他农业国家要早得多。更多的"落后"国家吸纳了"先进"国家的"习俗"和行为习惯，如工业化和精英阶层的时尚。同样，发达国家为了争夺资源常常吞并落后的国家，导致每个地方的发展道路各有不同，社会的"演变"也因环境而异。

在城市社会学和环境社会学等领域，落后与先进的概念虽未完全消失，但已被压制，很少有人将单一民族的独立国家作为有效的分析单位。然而，人们早就认识到，城市不仅代表着社会背景下的联合与不平衡的发展，而且在地理空间的变化中这一现象也显露无遗（Markusen, 1987；O'Connor, 1998）。在资本主义经济中，无论是在市中心还是享有特权的郊区，发展是一个或多个小的地理空间的相互结合。这种不平衡的发展给某些地区带来了好处，比如市中心、中产阶级所在的社区与郊区，而大城市的其他地区则自生自灭。同样，大城市外围的腹地也因更广泛的城市系统（例如度假区、大学城等）展示出复杂的社区优势，而其他地区则无法从城市系统中获得庇护。马克思（Marx, 1993 [1858]）在《政治经济学批判大纲》中评论了这种趋势，他认为有一天定居在乡村的人可以摆脱"愚蠢的乡村生活"。也许，马克思看到了乡村压迫和城市（资本主义）压迫的有害影响。对于前者，他认为资本主义是伟大的救世主，而对于后者而言，他认为社会主义将拯救大众。实际上，马克思的愿景是建立一个在地理和社会空间上均匀分布的平衡发展的城市体系。他仅仅是一个梦想家吗？答案是否定的，因为这样的社会在过去的城市已然存在。

38　　**萨马拉**

在公元前60世纪的近东，有两种文化在美索不达米亚平原北部传播。哈拉夫（Halaf）文化中有一种独特类型的陶器，这种文化实行一种定居农业模式，其特点是与穿越平原寻找牧场和水源的牧民互动。该文化建立了广泛的贸易关系网络，覆盖范围从横跨现代叙利亚和伊拉克的地中海海岸延伸到土耳其（Akkermanns & Schwartz, 2003）。在这片区域的考古遗址上发现了哈拉夫陶器，而长途贸易不仅带来了陶器，还带来了各种其他商品。随着新的陶器和住房形式被广泛采用，该地区的文化特征变得更为一致。哈拉夫文化以同样的方式发展下去，直到公元前50世纪初被欧贝德文化（Ubaid culture）所取代。从此，事情变得更加复杂了。

萨马拉（Samarra）文化与哈拉夫文化共存，在一些区域重叠，但空间上总体分布在哈拉夫的东部和南部。纵观北美索不达米亚平原，其东部、北部地区多山，而西部为哈拉夫文化所主导。萨马拉的农业经济与哈拉夫相似，且两种文化都在公元前 60 世纪期间见证了人口增长。哈夫拉跨越平原向地中海扩张相对不受限制，其领土在地形和降雨量方面与美索不达米亚北部相似（Cavali-Sforza, 1995）。至于萨马拉文化，其四周多山，或已为哈拉夫所占领，因而南部的底格里斯河和幼发拉底河是一个更具吸引力的选择。然而，越往南走，以谷物和豆类种植为基础的区域和游牧民族所要求的和能获得的雨水越少。随着萨马拉顺着山谷南迁，其经济和社会结构发生了相应变化，以适应日益干旱的条件（McCorriston, 1992；Pollock, 1999）。

萨马拉最大的村庄有 800～1 000 名居民，但在一些时期也居住着游牧民族（Maisels, 1990）。许多村庄都有"T 形"房屋，是一种围绕中央走廊以及走廊分支形成的一系列供大家族成员居住的房屋。家庭是社会生活的中心，不仅因为家庭成员住在同一屋檐下，还因为大部分宗教活动发生在家庭的中心。如果仔细研究后期的证据，那么很有可能证实奥古斯的早期，大家庭也是经济生活的基础。在美索不达米亚和希腊社会后期，"奥古斯"（oikos①）是一个以家庭为基础的经济单位，由家庭的族长领导，为经济自给自足和盈余而奋斗。这可能源于萨马拉文化——"T 形"房屋是美索不达米亚南部早期城市的主要特征（Maisels, 1990）。

萨马拉文化包含广泛的贸易往来。事实上，正是由于美索不达米亚冲积平原稀缺商品的贸易，才使得萨马拉文化得以传播到南方。村民们的生活环境相对稳定，他们与在冲积平原和美索不达米亚北部或伊朗西部的扎格罗斯山脉之间迁徙的游牧民族有贸易往来。萨马拉的村庄能够用谷物和制成品从游牧民族那里换取羊毛、肉类和木材等商品。从本质上说，每个村庄都是更广泛的贸易体系中的一个节点，可称之为一个城市体系（urban system）。换句话说，在萨马拉文化和哈拉夫文化中，我们看到了城市化的第一个证据：村庄成为中心地（central place），为日益依赖这个体系而获得基本物品的居民提供服务功能。

在公元前 5 000 年内，萨马拉文化"演化成"美索不达米亚南部的欧贝德文化

_____

① Oikos，古希腊语，直译为"户""家庭"。——译者注

(ubaidian culture)，最终将其影响力扩散到北方，取代了萨马拉文化和哈拉夫文化（Maisels, 1990）。欧贝德文化延续了"T形"住宅，其经济基础仍是奥古斯模式。萨马拉村庄有某些特征，例如最早的防御工事，其初衷可能是用于将动物赶出村庄，但后来被改进为抵御游牧民族袭击的防御措施。很多欧贝德遗址比之前的遗址要大得多，尽管前者在总数上占比不高。除了用考古来鉴定陶器，欧贝德遗址的主要变化是农业系统及其生产富余农产品的能力。

欧贝德时期以农业系统著称，特别是在南部，以长沟和大面积灌溉为标志。从河流到在邻近的田地挖掘短渠的简单灌溉是萨马拉文化向南发展的主要适应方式。在欧贝德时期，这些系统更为复杂，它既是一种结构，也是一种对人口管理更为精细的政治结构的需要。农业制度的特点是发现了更易于耕作的长犁沟，以及将收获的食物存放在集体筒仓中——这是对早期做法的调整（Liverani, 2006）。此外还有一个重要的假设，即农业和其他经济职能的组织曾经由神庙来管理。

在早期社会中就有专为集体行动而设的构筑物，例如公元前9500年的杰里科（Jericho），但是其与那些最早期城市的欧贝德和后乌鲁克时期的神庙却大不相同。神庙不仅是一处场所，也是一个社会机构，在那里，人们可以接触到超自然的力量，并以此为政治基础来组织人口。早在欧贝德时期，这个机构就是精英阶层的驻扎地，其能够依靠剩余农产品生存。正是这个精英阶层在公元前40世纪主导了城市的发展。因此，在欧贝德时期，我们看到了社会分层的第一个确凿证据，这种社会分层不仅仅是地位分化——欧贝德的精英是固化的社会阶层的一部分。神庙的位置可能在村庄建立之初就已选定，并被认为是神圣的：也许村庄的选址本就出于地点的神圣性。无论如何，这个神圣的位置延续了几个世纪，许多美索不达米亚城市的金字塔建筑，如乌尔（Ur）、埃里杜（Eridu）和拉加什（Lagash），都建立在源自欧贝德的早期神庙之上。在乔加·玛米（Choga Mami），有22座建在欧贝德原址上的神庙（Maisels, 1990）。

在欧贝德时期，神庙的运营被波洛克（Pollock, 1999）称为朝贡经济。神庙负责农民土地的分配，然后将收成作为贡品收回。尽管在一年中的某些时候，农业收益会重新分配给民众，但随着时间的推移，神庙精英拿走的比例越来越大。这样一来，神庙就对农田有了相当大的控制权，无论是生产谷物和豆科作物，还是成片的树林或是亚麻。神庙对游牧民族的控制存在不确定性，因为后者可以随时离开，而且欧贝德的精英们发现这种情况与后来城市居民的所作所为一样令人烦恼。因此，欧贝德时期见证了从以驯养绵羊和山羊为主再到以驯养猪和牛为主的转变——猪和牛都更适合在邻近河流和河坎的沼泽地区驯养。

社会分层在这一时期不断凸显，尽管其在一千年后的城市中才逐渐形成。由神庙精英的存在可推断出当时的社会分层，而且这种分层很可能根据家庭来运行。在后来的城市里，精英们受奥古斯（家族）的领袖们组成的长老委员会的意见约束，欧贝德的精英们也面临一样的情况。然而，其中也存在某种可流动性，因为一个有才华的长者可以提升整个家庭的地位，反之亦然。在这一时期，按性别划分等级的可能性也在增加，尤其是在奥古斯（家族）开始以远征贸易取代早期的狩猎贸易时（Zagarell，1986；Oates，1993）。当某些聚落比周围更大时，它们在中心区域的功能，特别是在贸易和宗教活动中变得更加重要，而这又导致了基本的区域分层。

### 查科

新墨西哥州阿尔伯克基（Albuquerque）西部的查科峡谷（Chaco Canyon）文化在公元11世纪达到了顶峰。作为现代普韦布洛文化（Puebloan cultures）的起源地，查科峡谷是该地区的村庄综合体。每个村庄实质上是一个大"房子"，由数个附属建筑组成，在今日被称为普韦布洛斯（pueblos）（Stuart，2000；Lekson，2009）。

像萨马拉文化一样，查科峡谷位于边缘地区。居民们从事农业生产，并建立了精细的雨水收集机制，例如将悬崖上的雨水转移到普韦布洛蓄水池的沟渠。住着数千居民的普韦布洛斯，其庞大的规模和复杂程度暴露出一种复杂的社会秩序。 41
在这种社会秩序中，精英阶层能组织大量居民进行项目建设，这可能是对农业组织体系的一种适应（Fagan，2005）。

查科峡谷还有着复杂的通信系统。在每隔一段间距的山顶和重要的普韦布洛地区都会有一个炉具。点燃这些炉具，白天发送烟雾信号，夜间通信则依赖火光。这些现象都能说明在城市早期（pre-urban period），美索不达米亚南部之所以不具备文化凝聚力，是因为在该地区还没有发明这种体系（Stuart，2000）。

与欧贝德时期的美索不达米亚一样，这里没有哪一个独立的聚居地比周围地区的人口更多或更重要（Maisels，1990；Pollock，1999）。在查科峡谷也发现了萨马拉和欧贝德时期相对均衡的发展模式。同样，查科峡谷文化核心区的边缘出现新的聚居地时，这就意味着出现了人口增长的迹象，同时也有了社会分层的证据（Fagan, 2005）。

　　在萨马拉和欧贝德文化中，游牧商人掌握了贸易。随着运河系统变得愈发复杂，以城镇为基地的奥古斯（家族）开始派出贸易考察队。在查科峡谷，繁复的道路便是复杂贸易系统的最好证明。在上述两个案例中，贸易体系都起到了一种保障作用：如果某年某一地区降雨不足，可通过贸易获取另一地区的粮食，从而减少干旱带来的损失。贸易系统还允许系统中的各种货物在其内部自由流动，正是这一特点使得对美索不达米亚冲积平原的开拓成为可能。

**从均衡发展中学习**

　　美索不达米亚南部和查科峡谷的例子有助于我们理解城市化和乡村社区。其首先揭示了城市和乡村之间的区别取决于城市化进程——"乡村"是相对于"城市"来界定的。值得注意的是，这里的城市化优先于城市。城市化是一种以农业和广泛贸易为基础的生产体系。这就是我们今天所说的"全球"系统，但它一定不是全球性的。然而，它确实超越了既定村庄（见第3章）中特定个体的"生存空间"。也就是，城市系统超越了任何一个给定的地方，从而表现出新兴特征：该系统"具有自己的生命"，并为整个系统的利益服务。在一个均衡发展的系统中，没有任何社区可作为主导，各组成部分在原则上是平等的。从这个意义上说，城市系统类似于社区的概念，但其规模更复杂——社区是由作为分析单元的个体组成的，而城市系统则由多个社区组成（Thomas, 2010）。

　　以类似于社区的方式将城市系统理解为一个复杂的系统，使我们得以利用"扩张"的概念（Gleick, 1988）。在动态系统中，扩张是指相互关联的系统在不同的复杂程度上表现出相似特征的趋势。在社区或其他社会组织中，米歇尔（Michels, 1999）曾指出"寡头政治铁律"（Iron Law of Oligarchy）就是组织有向相对较小的个人群体发展的趋势，一些人对组织具有较大的控制权。在城市系统中，随着时间的推移，我们看到一个或一小群社区逐渐行使更多的系统控制权，考古记录可以证明这一点。

　　值得注意的是，在"新月沃土"和查科峡谷，城市化发生在城市兴起之前。在新月沃土地区，萨马拉文化和欧贝德文化在政治和经济组织方面呈现出日益复杂的趋势。因此灌溉需要更多的政治组织，因此在提高经济产出的同时，政治也更加复杂。然而，这种趋势并非线性的，尽管查科峡谷也存在类似的模式，但随着当地气候的变化，降雨减少，社会复杂性随之降低。即使城市化过程才刚刚"开始"，它也并非必然。在没有"城市"演变的情况下，萨马拉和欧贝德地区的农业社会也持续发展了两千多年。事实上，即使在公元前 4000 年出现城市的乌鲁克时期，其大部分地区都以相对平等的城镇为特点（Liverani，2006）。

因此，城市不应被理解为聚居地发展到一定程度才出现的，而应被理解为城市化进程本身的产物。它们处于复杂的贸易体系中，在广阔的地理空间内分散风险。以查科峡谷的城市系统为例，该系统并没有变得足够大或足够复杂，因而无法在干涸的环境中生存。在美索不达米亚，公元前 2100 年左右的乌尔第三王朝在末期同样面临着气候变化带来的威胁，其政治结构被摧毁，但整个系统并没有崩溃。当"帝国"再次出现在美索不达米亚时，其中心转移到了新崛起的巴比伦城乌尔的北部。作为更广泛系统中的节点，它们在一个小的地理空间中通过各种机制吸引资本、劳动力和人才。通过吸引这些人才，更多类似的群体在其中聚集（Hall，2001；其现代类比亦可参见 Florida，2003）。不断变化的条件可能对一个地方有威胁，在另一个地方则无实质作用。因为，这种地方人才聚集可能会转移到更有利的位置，但整个体系并不一定会崩溃。

## 城乡生产

任何经济都以满足人类需求为导向，这些需求往往包括食物和饮料、衣服和住所，甚至与友情和再生产关联的社会互动。在低密度社会，个体可直接从大自然进行资源开采与再生产活动以满足自身需求。旨在生产粮食和开采其他原材料（如石头、木材、金属矿）的经济活动被称为乡村生产（Thomas，2010）。传统上，乡村生产往往被称为第一产业，但实际上其不应被理解为产业类型的某一门类，而应该被视为一种复杂的生产形式，涉及以特定方式结合起来的三大产业类型。

乡村生产对空间十分挑剔。例如，农业生产中特定的庄稼需要一定的生长空间。其中一些是植物自身的生长需求，但植物也会吸收养分和水分等资源，这些资源同样需要空间。即便现代技术提高了土壤肥力，但它还不能消除所有农作物的最低空间需求。动物也是如此，它们需要空间活动、饮水等。对于采矿和其他资源开采来说，材料位于指定的位置，开采活动都必须在那里进行。因此，乡村生产是不可移植的。植物只能在特定的气候条件下生长，甚至像水一样相对可运输的资源也受到基本物理条件的限制。

乡村生产的另一方面是，生产过程最终并不是由人，而是由资源来完成的。即使这一过程可以通过人类的努力而得到加强，但它最终还是掌握在自然手中。诚然，人类可能要花费大量的时间，如耕地或挖灌溉渠，但生产过程无论如何都是自然的。植物的生长并不是由人类的投资或欲望来决定，而是对有助于自身茁壮成长的环境作出反应。人类的劳动能改变环境，甚至还能改变植物的基因，但最终结出果实的还是植物本身。其他自然资源也是如此，尽管其开采或收获涉及人类劳动，但它们由自然过程而不是人类活动生产和转化而来。因此，乡村生产中的人力主要用于获取资源，如种植、收割庄稼。

由于乡村生产更多地与获取和改造资源的过程联系在一起，以乡村生产为导向的社会或其他社会组织往往以维持生计为目标。这并不意味着没有盈余，因为这种经济制度中的盈余可以提升未来的稳定性。生存导向并不影响各种社区网络的形成。事实上，这种以生存为导向的社区网络遍布整个人类学记录（Maisels，1999）。即使这种基本需求的理想类型在现实中很少见，但最终乡村生产实现了自给自足。此外，由于强调自给自足和满足基本需求，乡村生产更倾向使用价值导向而不是交换价值。在我们研究不同时期的乡村生产特征时，这一点显而易见。

大约在公元前12500年，"新月沃土"气候温暖，郁郁葱葱，是湖泊、沼泽地和橡树林的家园，这一图景在今天已经看不到了。我们如今称为"纳图夫人"（Natufians）的一个特殊的觅食群体开始定居在环境优良、四季宜人的村庄里，这些村庄同时也是各种食物和原材料的家园（Bar Yosef，1998；Henry，1989）。那时，农业还没有在世界上任何地方出现过，因此他们的这种生产主要依托复杂的觅食活动。"纳图夫人"在范围辽阔的栖息地觅食，寻找各种各样的食物，这种过程被称为"大范围觅食"（Flannery，1969）。然而，这并不代表这一时期没有创造财富。死海和地中海海岸的贝壳贸易，今天土耳其南部的黑曜石贸易，甚至与尼罗河流域进行贸易往来都发生在这个时期。同样，地位分化也随之发生，最早可追溯到近东地区发现的巫师——一个具备与自然对话天赋的老妇人——的墓葬（Grosman等，2008）。当时的经济主要倾向提供生活必需品，尚不存在固化的社会分层，其在后来的一段时期逐渐显现。那个时候，所能积累的财富是便携和有用的必需品：即使在可定居的村庄，迁移的可能性也很大。

在公元前6000年的哈拉夫和萨马拉文化中，城市体系在不断发展，与纳图夫人相比，其贸易制度带来了相当数量的奢侈品。不过，当时的农业经济高度自给自足，每个村庄都在努力维持生计。事实上，尽管贸易网络在萨马拉文化向美索不达米亚南部迁徙的过程中发挥了重要作用，但每个村庄都自食其力，尤其在粮食生产方面。

7 000年后，我们见证了早期近东城市后裔在美国乡村的定居。尽管城市在美国司空见惯，但许多农民的目标不一定是为市场上的成功，而是为农场的自给自足，或者至少是当地社区的自给自足（Danbom，2006）。即使在城市发展的早期，许多美国农民的目标仍是至少有一些剩余的农产品可在市场上销售，以获得现金。然而，这种努力总是发生在完成自给自足的稳定生活之后。例如，在东北的许多城镇，最早的工业之一是各种类型的磨坊，它们通常借助水力运转。城镇磨坊在这类社区中十分常见。村庄通常充当行政中心和零售商，交易本地不直接生产的材料；同时作为转运中心，向更大、更典型的城市市场获取盈余（Thomas，2005）。随着19世纪的到来，农民越来越依赖市场和货币经济，需要组织变革的呼声也水涨船高。19世纪早期，自给自足的农场往往拥有大量的家庭——乡村经济中大的家庭将工作分配给更多的人，到20世纪末，许多乡村人口流失严重，因为农场家庭为了减少日常开支和增加利润而让孩子到城市就业，并停止或减少雇佣农业工人（Danbom，2006）。

总结三个案例后发现，每个时期的乡村生产都有三个主要特点，每一个特点都涉及盈余的使用。第一，盈余被用作应对未来的缓冲。例如，在纳图夫人时期，人们可以利用多种生态位（niches），在觅食中实现地区间相互补给。如果一个地区入不敷出，他们可以找到另一个资源更丰富的地区。萨马拉农业文化在后期向南发展的举措可能也基于此，这确实是19世纪美国西部边疆的吸引力所在。

乡村生产剩余的第二个用途是创造闲暇时间。例如，在纳图夫人时期，狩猎和采集经济可能产生了马歇尔·萨林（Marshall Sahlins，2003）所说的第一个"富裕社会"，因为有相当多的闲暇时间。虽然难以明确哈拉夫和萨马拉文化享有多少闲暇时间，但值得注意的是，我们发现了纳图夫人时期的诸如修建围墙等新工程，这证明了有一部分人把他们的某些时间用于与生存无关的活动。同样，美国的乡村以劳动力众多而知名，在农业生产的大部分时期，特别是那些非种植与收割季节，具有一定的闲暇时间。就像建造谷仓和缝制棉被活动一样，大部分的工作时间也变得充满了节日的氛围，这是第三个特点。在以城市生产为特征的社会中，盈余的使用将发生巨大变化。

　　从某种意义上说，城市生产是生产的第二环节。然而，仅仅将城市生产同第二产业或第三产业相比较是不够的，因为城市生产同乡村一样，是二者的组成部分。显然，将获取的资源转化为制成品依赖乡村生产，而城市生产一直存在。与乡村生产不同，产品的转变是人类劳动或类似劳动的结果，而非自然导致。因为它涉及将一种材料转化为成品，因此人们也可以认为早期人类和黑猩猩打造用于从土堆里"钓"白蚁的木棍是城市生产（Thomas, 2010）。从这个意义上说，早期的城市生产是为了帮助乡村生产。但在城市化的背景下，真正的城市生产涉及46 多种生产方式：它从特定地点的不同环境中收集多种资源，并将其转化为成品。随着经济发展的复杂化，城市生产过程也变得越来越复杂。在公元前3200年左右的乌鲁克，城市生产可能涉及从阿富汗购买天青石、从土耳其购买黑曜石、从黎巴嫩购买木材和从埃及购买铜，用以组装一座包含每种元素的雕像。这甚至比今天的汽车还要复杂得多（Thomas, 2010）。

　　城市生产往往是空间密集型的。一旦组合好产品所需的材料，生产过程就可以只占用相对较小的空间。例如，一辆汽车在零部件已经准备好的前提下，理论上可以在郊区的汽车修理厂生产。又例如，现代汽车厂的大部分空间不会留给生产本身，而是留给使生产空间、时间和劳动力更有效率的机械装置，就像装配线一样。由于城市生产具有空间密集型特征，而且通常依赖从各种环境收集资源，所以它通常发生在交通便利、能够获取所有必要元素的地方。因此，它也具有高度可移植性，这就造成了当今大多数城市所面临的难题：资本是流动的，而城市不是。

　　城市生产的复杂程度各不相同。乡村生产与产品类型密切相关，而城市生产在一定程度上使得乡村生产和最终的城市产品之间产生了模糊甚至异化。有多少人在开车经过一片玉米地的时候会考虑汽水中高果糖玉米糖浆的含量？或者当他们打开家里的电灯时知道燃烧了多少煤？的确，与古代的城市相比，如今越来越多生活在城市中的人们认为他们已经脱离了对乡村生产的依赖。至少在古雅典或安提俄克，人们还能意识到农业对城市运作的重要性。罗马皇帝认为，打赢战争的一个理由是需要更多的农产品来养活当时世界上最大的城市（Morley, 1996；Goodman, 2008）。

城市经济中的财富不仅是盈余的产物，还包括用盈余交换其他产品的能力。因此，城市生产强调交换价值的作用，并寻求在产品之间保持一定程度的互换性。有人可能会说，"利润"是由使用价值和交换价值的差异产生的。被认为具有高使用价值的产品将在高价格水平上进行交易，而被视为简单奢侈品的产品将更多受供需规律的制约。前者体现在——当灾难发生后，人们会为基本但必需的产品（如水）向肆无忌惮的"价格操纵者"支付高昂的费用，相比之下，人们可能会更仔细地思考他们是否真的"需要"一台新的笔记本电脑。这往往取决于个人的工作是否有保障、电脑的价格以及电脑的相对稀缺性。

乡村生产始终存在，而城市化和城市生产却并不总见其踪影。在纳图夫人时 47 期，城市经济的各个方面——例如关于黑曜石、贝壳和沥青的贸易——都出现了，但经济总体上是由乡村生产主导的。自然几乎就是财富的来源，二者没有明显界限，城市产品则很容易被放弃。哈拉夫文化和萨马拉文化也是如此。然而，在 19 世纪和 20 世纪的美国，这一发展动态却完全不同，像纽约这样的殖民地是作为欧洲城市体系的延伸而建立的（Thomas, 2005）。然而，在许多乡村，自给自足的目标仍在继续。例如，在纽约的腹地，许多村庄是以农民家庭和他们的需要为主要生存理由而建立起来的。小型零售区，包括面向当地市场的小型工业企业，如面粉厂、铁匠铺等，都建立在村民可以抵达的、人口密集的城镇中心。这些社区也是当地教堂和学校的所在地（Thomas, 2005）。它的发展借鉴了欧洲，特别是英格兰的模式，与城市市场的关系密切。在 19 世纪，村民越来越多地为城市消费者生产农产品，但是造成这一现象的部分原因是他们需要货币来支付制成品和缴税（Danbom, 2006）。到 20 世纪初，由于汽车、电话和无线电等城市商品供应，许多农民不得不购买更多面向城市市场的商品。尽管如此，城市与乡村的基本关系仍然存在：城市过去是，现在也是要依赖乡村的。

## 城市依赖

由于城市在政治和文化上占主导地位，讨论城市对乡村的依赖可能会令人惊讶。事实上，社会科学家早已遗忘这一现象，他们更愿意讨论"社会对自然的依赖"（O'connor，1998）。这是因为乡村人口已经成为城市主导下的社会科学的问题。乡村人口是自然的压迫者还是自然的捍卫者？应该将他们看作居住在远郊的雅皮士，还是受自我压迫的人？我们如何理解乡村社区复杂的社会结构？为什么他们似乎不投"右派"的票？在乡村人口研究中缺乏一门不定期讨论农业或"共同体"终结的社会科学，是导致上述一系列问题的"征兆"。与此同时，乡村社会学机构急于将自身重新命名为"发展社会学"，并将注意力集中在发展中国家。但是，城市社会与乡村生产是密切结合的，乡村社会学绝不能脱离每个人。

48　城乡基本动态仍然非常活跃：城市和城市化更广泛地依赖其腹地，但当今社会复杂的生产流程掩盖了这种依赖，这在人类文明中极为罕见。

　　"城市依赖"所创造的城乡动态关系导致了一种支持贸易重要性的城市话语。通过扩张，城市生产成为贸易的主要手段，同时城市自给自足的能力衰退了。城市自给自足能力的下降是人口增长和住宅区空间规模扩张的副产品（见第3章）。随着时间的推移，一个城市不能依靠其周边环境中的资源和空间来支撑自己，因此贸易或征服成为城市化的重要特征。第一次有记载的战争发生在美索不达米亚中乌玛（Umma）和拉加什城邦之间，争夺的是一片农田（Dalley，2000），并且空间冲突在中美洲战争最初的记载中也是引人注目的（Flannery等，2003）。[1]在希腊化时期，雅典被迫维持一个广泛的贸易网络，因为城邦人口太多，而有效农用地有限。因而，雅典农民把注意力集中在橄榄及其出口产品上，从中获得的利润可以用于购买食品，这是农业主导过程中的城市生产的较好案例（Hall，1998）。罗马的扩张在一定程度上也是为了人口的延续。在公元1世纪，这座城市的小麦大部分并非来自意大利，而是源自埃及（Morley，1996）。同样，纽约市的增长也证实了类似的模式（Thomas，2005）。

　　城市依赖会引发其他的社会动态，如果城市与周围环境之间没有形成一定的平衡，就会自我趋向平衡。首先是领土扩张的需要，一个在原材料或食品供应等方面可能面临短缺的城市，会向邻国寻求这些资源。如果人口很少或没有人口，这种扩张就可以达到平衡；但如果人口数量众多，现有可获得的物资难以支撑人口增长所产生的需求，再一次扩张行动也因此很快到来，如此往复。

　　领土的扩张使得行政管理非常必要，尤其当依赖亲密或有亲缘关系的领导层被更高等级的权力所取代时。这些权力中心的位置是行政中心，甚至在一些小城邦由城市来管理腹地。随后，独立的城邦逐渐被地域性国家取代，一些城市开始承担省级行政职能，地方分层现象也变得愈发明显。在今天的美国，人们普遍认为主要城市具有行政和经济职能，但这种地方等级格局也延伸到了乡村，这与地理上的等级规模顺序有关（Sassen, 2001）。

虽然往往可以通过武力来行使权力，但通过支配权控制机制对权力的行使更为高效。换言之，虽然武力统治效果更为明显，但说服民众自愿服从国家意志可以节省经济和政治开支。随着一个或少数城市在区域内占据主导地位，这些城市统治地位的提升更多的是通过操纵文化或经济意识（情感），而不是通过野蛮的手段来实现，其在经济层面就更具优势。

考虑到城市化和城市依赖的这些方面，我们将尝试在城市文化与乡村的互动中找到它的三大主要成分。首先是国家机器的存在；其次是政治和经济优势流向大型城市中心的程度，尽管城市不一定是一个独特的政治单元；最后，是有利于城市主导阶层的一定程度的文化支配权。

国家最初以城邦的形式出现，这是一个政治和经济统治的单位，有利于占主导地位的城市的利益凌驾于城市周围的腹地之上。自公元前4000年中美索不达米亚的乌鲁克时期开始，随着人们迁移到神庙周围的更大的城镇，乡村的数量逐渐减少（Pollock, 1999）。此后不久，大约在公元前3500年，哈穆卡尔（Hamoukar）和公元前40世纪的最后三分之一时期该地区的其他城市（Ur, 2002）爆发了更多的战争。现代意义上的国家出现在公元前30世纪。然而，它首先是为了共同防御而建立的城市联盟，随后在公元前2270年，在萨尔贡大帝的统治下，阿卡德帝国崛起了。阿卡德帝国开辟了一条未来的道路：其核心设在大城市（阿卡德），在部分城市设有一系列管理中心；这种组织方式的目标是把贡品，特别是乡村剩余的产品从乡村运到主要城市；它的主要任务是控制贸易路线，提高贸易效率和营利能力。然而，像其他古代帝国一样，阿卡德不征税，但要求纳贡。贡品的目的是增强家国实力和孝敬国王，它与税收不同，因为税收被描绘成国家的义务，其目的是国家利益，而不是服务上层阶级。后来的统治者，如最著名的巴比伦汉谟拉比，开始意识到良好宣传能使臣民相信国家的重要性以及他们可以从中获益。《汉谟拉比法典》（*Code of Hammurabi*）经常（错误地）被描绘成最早的法典。由于地方议会和省长往往比国王更可能伸张正义，《汉谟拉比法典》的贡献在于将国王乃至整个国家描绘成公正的。帝国是民族国家的早期形式，在这两种情况下，政府的目的都是维护统治阶级的利益和整个体系的正常运作。在各种形式中，国家的部分功能是控制（主要是）乡村人口，并确保所有盈余都为统治阶级服务。

随着帝国和现代民族国家的先后崛起，国家接管了城市扩张的责任。然而，主要受益者往往是从城市体系中获利的精英阶层。英国在美洲选择殖民地时，重点关注农业系统与母国进行贸易往来的能力，在新英格兰的清教徒殖民地亦是如此（Danbom，2006）。殖民地带来了新产品，比如弗吉尼亚的烟草和纽约的皮草，同时也作为英国制成品的销售市场。在后来的美国历史上，政府常常削减对城市的服务。纽约市不得不向外寻找水源，因此引起的山谷的淹没和随之而来的对村庄的破坏并不仅仅由纽约市的代理商造成，州当局也有一定的责任。通过这种方式，国家干预将城市扩张和乡村土地征用的原始行为美化为对社会有益的行为（Thomas，2005）。今天，在腹地为城市消费者建设供电系统时，也揭示了城市系统对乡村景观或其他属性的利用。废弃品或其他不良工业产品往往出现在乡村地区，而博物馆和音乐厅等优质资源却集中在城市。

城市化在历史上一直青睐系统中的"节点"，在哈拉夫和萨马拉时期村庄充当了"节点"的角色，但随着城市的发展，该系统为城市周边提供了更多的机会。具体来说，城市享有作为最大市场的特权。在规模经济方面，城市的生产者比较小社区的同类型生产者更受青睐。将更多的人口集中到一个相对较小的区域，城市市场代表了一个短距离的大众市场。除了大规模的市场空间，城市生产者还能获得信贷、咨询和行政管理方面的服务，使得他们相对于缺乏这些属性的小城镇更具优势。结果是：

> 大城市的城市生产者能够利用各自城市的规模经济，以比小城镇的公司更低的成本生产更多的指定产品。大体量生产者能获得较低的生产成本和较高的利润，这使他们具有更多的市场定价权，以至于位于小城镇的企业难以避免倒闭或被大公司收购的命运（Thomas，2005：10）。

换言之，城市之所以是世界经济日益集中的受益者，正是因为它们的规模非常大。城市里的公司借助其规模优势与区位条件快速发展，最终使得他们有能力接管更小社区内的公司（Sassen，2001）。

这两种趋势促成了城市文化支配权的高度发展。道德标准、基本准则和价值观均确立于城市地区，并因权力水平的失衡，其自然被认为比国家的其他地区更优越。在当代美国社会这种现象更为典型，城市通信、电视、广播和互联网开始大量侵入乡村地区。丹博姆（Danbom，2006：150）很好地总结了 19 世纪后期美国城市文化支配权的影响：

> 城市对乡村人的消极态度和城市本身一样悠久，而城市在定义美国文化方面的支配作用早在南北战争之前就初现端倪。虽然城市曾经温和地嘲弄过乡村，但现在它们似乎更为野蛮。渐渐地，诸如土头土脑、乡巴佬和乡下人这样的贬损性的标签，越来越多地成为公众谈论那些被定义为下等人（也许还是危险的人）的话题中的一部分。

城市文化支配权不仅诋毁村民，而且对他们设置极高的道德和美德标准。这些标准通常并未根植于乡村人口或文化，而是由远离乡村现实的城市社会强行施加，他们在乡村寻找简单和美德——一种无根据的乡村拟像。当城市居民发现乡村生活的真实情况时，往往会掀起一波反对浪潮。例如，在 20 世纪初，一股被称为"乡村生活运动"的乡村情怀浪潮席卷了城市地区，而现实是，这种情怀在真实的乡村生活中根本找不到。正因为这种原因，1908 年西奥多·罗斯福（Theodore Roosevelt）任命了一个乡村生活委员会（Country Life Commission）。内特（Neth，1998：100）谈道：

> 乡村生活委员会的报告详细指出了乡村生活在农业发展进程中的不足之处，并明确了社会改革的必要性。该报告在经济措施上，支持促进科学和高效农业生产；在教育工作上，为推广服务提供资金；在社会措施上，提升乡村生活条件，增加繁荣程度。

这些努力最终使寻求降低粮食生产成本的城市工人及其雇主受益，降低了他们的收入压力。到 1920 年，"科学家的理性主义和农业生产者的工商业主义，以及通过乡村生活运动表达自己观点的各种农业哲学家，阐述了美国农业的新本质：美国农业将以商业为导向，并以科学知识和技术专长（expertise）作为基础"

(Perkins, 1997：59)。

城市文化支配权虽未引起广泛关注，但其仍然是美国社会的一股力量（见第7章）。城市生活和规范制度，以及对乡村生活或乡村居民的贬低，是城市文化制作者描绘乡村的一贯主题。城市文化支配权有助于维系城市更广泛的经济和政治支配权体系，乡村居民被认为低人一等，不值一提。正因如此，本书的随后章节将不断突出这一主题。

**52　注解**

1. 应该指出的是，美索不达米亚战争的最早证据来哈穆卡尔遗址，该遗址比乌玛和拉加什早几百年。然而，该证据源自考古学，并显现出明显的战争场面。与乌玛和拉加什的冲突不同，这次战争没有文献记载，因此无从得知其确切情况（参见 van de Mieroop, 2006；Ur, 2002）。

# 第3章　乡村空间

空间是文化的有形维度，或者至少是文化的物质形式。换言之，它是产生结 构化的主要机制（Giddens, 1986）。然而奇怪的是，空间是非常难以定义和运用的概念。大多数人都认为能够理解它，但事实上空间模棱两可的性质往往掩盖了其复杂性。在试图理解空间与城乡的关系之前，我们认为，有必要思考空间在时间中的作用以及个人的空间感知。这涉及传统和特性之间的区分，以及居住地和可行空间之间的区分。


## 传统和特性

空间和文化随着时间的推移相互交融。从这个意义上说，"场所"是通过"特性"和"传统"在某个时间点的结合而实现的。"特性"是指某一特定时间中某一空间内结构化的一系列"物"，且通过结构化在随后的每个时刻将其复制。相比之下，"传统"代表的是特性如何跨时间移动——某一点的连接模式如何约束或启用下一点的特定连接模式（Molotch 等，2000：793）。

在加利福尼亚海岸，从圣巴巴拉（Santa Barbara）和文图拉（Ventura）这两个规模大致相同的城市中可以看到传统和特性的交汇（Molotch 等，2000）。早在20世纪初，圣巴巴拉的精英们就推行了一套建筑规范，要求在中央商务区的建筑采用教会式风格。1925年，一场地震摧毁了市中心的大部分区域，这极大地推动了对这座城市的改造，才有今天我们看到的灰泥和土坯构成的样子。为了给富人创造一个"干净"的环境，城市领导人也在努力保护滨水岸线。然而，在文 图拉的城市精英却强调工业发展，特别是石油工业。

圣巴巴拉对（文化）传统环境完整性的保护优先于产业发展，而文图拉则注重发展传统经济。因此，在20世纪早期，当圣巴巴拉试图保护海滨环境时，文图拉则允许沿着滨海地区开发油井。这一点在20世纪后期以及101高速公路的发展中尤为明显。在文图拉，高速公路的建造几乎不考虑城市或滨水地区的街道景观，而在圣巴巴拉，城市领导人则一直搁置该项目，直到有了一种适合城市"特性"的设计。同样，最近几年，圣巴巴拉发现教会（Mission）类型的建筑风格有助于开展商业活动，适合这座城市原有的"高端"旅游业形象。20世纪90年代，面临工业生产和石油工业的衰退，文图拉试图在圣巴巴拉成功经验的基础上，采用类似的建筑规范。但是，开发商要求使用更便宜的材料，如用金属材料替代土坯屋面瓦，使得文图拉呈现出完全不同的城市面貌（Molotch 等，2000）。

　　这些项目的意义在于，随着时间的推移，空间既使得当地物质文化大量涌现并形成传统的积累，又能让文化在特定的时间安排下特征化。这种特性存在于许多社区，并且可以通过研究许多小型城镇规划委员会对"乡村特性"的定义来分析。许多社区规划方案会讨论"乡村特性"的概念，但对其的定义往往相当模糊（Daniels，1998）。事实上，在我们对纽约市北部卡茨基尔山区的研究中，可以发现各种各样的"乡村特性"。

　　卡茨基尔山地区包括9个县，从纽约市北郊（岩石地县）到尤蒂卡以南的山麓（切南戈县），一直延伸到哈德逊河西侧。南部地区是密集而不断蔓延的郊区，每个乡镇都有数以万计的居民；中部或核心地区的发展程度要低得多；北部地区主要由以小村庄和零星的小城市中心为标志的农业景观组成。无论是在纽约市郊区还是在更北部的城市中心，乡村特性都较为明显，但在其他的乡镇，乡村特性的定义却极具争议性。

　　该地区大部分由农业城镇组成。当提到"乡村"的时候，人们常常会想到农业城镇，但无论如何，农业城镇应该与"自然"城镇区别开来。一个典型的农业城镇，其大地景观以农业经营方式的改变为标志，最明显的是农田，但也包括树林、有机肥池和各种农业建筑。相比之下，一个"自然"小镇的景观中或多或少具备自然属性。尽管在许多地区，这种自然景观可能掩盖了没有经济价值的早期的农业景观。在卡茨基尔区，这种类型的景观往往是"被迫"的，是要通过创建公园或设置缓冲区来抵制在该区域经营着多个水库的纽约城市供水系统的开发。例如，一个被统称为"熊山"的国家公园和林地综合体从哈德逊河延伸到新泽西线，森林覆盖了大量土地。这在农业城镇中是看不到的，甚至在自然城镇中也看不到，这些城镇以林业或采矿业为经济基础，因此在全球市场有一席之地。在这两个社区中，都包含一个较高密度的核心，历史上作为社区的社会性活动中心，不过在许多人口较多的乡镇中，这些中心已经下降为次级中心（Thomas，2003）。在工业城镇中也有类似的模式，自然或农业环境围绕着以大规模的贸易制造为主导的人口集聚区（至少在历史上是这样）。工业城镇通常比其他类型的社区人口更多。然而，在上述情况中，社区居民都将所在社区定义为"乡村"，并设法抵制对这一特性的显著威胁，即使每个地方对这一特性的定义不同。无论如何定义它，在捍卫这一特性的过程中，人们都呼吁保护当地传统。

## 聚落空间与生存空间

社区与空间联系在一起。我们认为，社区建立在个体之间相互作用的基础上，因此是有规律地产生的（Collins, 1975）。这种相互作用发生在一个给定的空间中，集中在空间中特定的吸引点上。例如，学校通常是社会交往密集的场所，教堂、商场和可供娱乐的特定场所也是如此。然而，城市和乡村社区对空间的认识有所不同，这种差异在一定程度上基于聚落空间和生存空间之间的关系。

聚落空间是指城市在某一空间中发展的实际形态。哥特德纳（Gottdeiner, 1994：16）将聚落空间定义为：

> 人们生活的建筑环境。聚落空间既能被构建，又有组织性。它是由那些为了保持经济、政治和文化活动而遵循某种计划的人建造出来的。在聚落空间中，人们根据建成空间中有意义的部分来组织日常活动。

56

聚落空间的构成和使用往往伴随着激烈的冲突，这种冲突会引发社会运动（Castell, 1977）、社区组织（Rabrenovic, 1996）和增长机器（growth machines，见 Logan & Molotch, 1987）。在乡村社区中，聚落空间具有一定的包容性，个体往往会将整个聚落空间视为"社区"的一部分，即在日常生活中，整个空间都是可以进入的。事实上，在许多小城镇，居住空间相对较小，个人会将周围的未开发区域或农业景观视为其周围环境的一部分。相比之下，在大型城市环境中，聚落空间凌驾于个人之上，并超出其日常生活。通常情况下布鲁克林的居民不会将纽约市的其他地区，如布朗克斯区、皇后区或史坦顿岛的外围社区，视为"另一个世界"。因此，聚落空间是一个区域现实的客观特征。

相比之下，生存空间与人对空间的感知有关。一个社区的居民更经常地在其特定的社区内而不是在其他社区内进行互动，这会影响人们对空间的感知体验以及他们的社区意识。托马斯（Thomas, 1998：20）指出：

> 大多数人对社区的认识被限制在他们最容易到达的地方。这个空间是有规律的、频繁的、熟悉的、舒适的。相反，很少或根本没有经历过的空间被排除在日常生活之外。

空间为互动提供环境并对其产生影响，如在鼓励或阻止社会互动方面。聚落空间与生存空间的关系决定了一个社区的城市化水平（Thomas, 2003）。

我们再次看到，居民或者乡村与城市社区在生存空间上存在体验差异。在乡村地区，生存空间通常不仅包括社区的聚落空间，还包括上文提及的社区周围的农业空间。然而，在许多乡村社区中，社区的定义超出毗邻的聚落空间，延伸至其他更远的聚落空间。例如，托马斯（Thomas, 2003）指出，在纽约的库珀斯敦地区，"社区"的概念延伸到库珀斯敦村外10英里的地方，包含许多从前独立的村庄。这些村庄如今成为社区中的一个个"邻里"。当然，这种对地方性社区的理解是以小汽车交通为前提的，但它揭示了一种情景，即将"乡村"理解为已开发的与相对缺乏开发的环境景观二者的结合体。相比之下，在城市地区，生存的空间往往被其他城市化的景观所包围，达成共识的区域通常是社区居民一致认为具有统一因素的典型地区，比如早期的市中心商业区和最近的郊区地带。

## 空间的经典解释

长期以来，对空间演化方式的理解一直是城市化研究的重点。与社会科学的其他方面一样，随着时间的推移，就城市化而言，关于人类本性的哲学假设产生了两种截然不同但又相互补充的思想流派。第一种假设认为人类行为中存在基本理性，并假设这种理性随着时间的推移会产生我们称之为"市场"的规律。市场方法认为，如果允许这种竞争不受干扰，会产生资源竞争，并能够有效地分配空间。因此，市场在空间竞争的基础上产生了"自然空间"。相比之下，政治经济学家认为，尽管这种竞争是存在的，但其在很大程度上不是由理性决策者决定的，而是受制于不那么理性的政治和文化力量。例如，政治经济学家指出，过去种族主义是经济和政治决策的核心考量因素，常常导致效率低下。例如学校隔离——许多学区为了将非裔美国人和白人学生分开，花费了额外的费用——便是很好的证明。

### 市场方法

经济地理学的约翰·冯·图宁模型（Johann von Thunen Model）是最早研究城镇化及其对乡村的影响的方法之一。约翰·冯·图宁（von Thunen, 1966）在1826年提出一个假设的"孤立"状态。他认为，平原上的土地使用类型与到市中心的距离有关。在当时缺少制冷设备的条件下，紧邻中心城市的土地将用于种植易腐烂的作物。在建筑和燃料主要依赖木材的时代，冯·图宁建议更外围的区域专门用于林木种植，其周围作为不那么依赖农业生产的田地，例如种植谷物。农场和牧场放在这一区域之外，四周是无法用作农耕的"野生"土地。在某种意义上，冯·图宁提供了一种可被我们称为同心圆理论的变体，因为它与农业、乡村相关。

1925年，欧内斯特·伯吉斯（Ernest Burgess）提出了同心圆理论。与 58 冯·图宁不同，伯吉斯专注于城市本身的发展。他认为城市建立在一个特定的贸易节点上，如十字路口或海港。这样，城市就建立在得天独厚的节点位置。从这一节点开始，对最具优势的建设区位的竞争就开始了，城市也基于此自然地扩张开来。城市的中心是中央商务区，这是历史最悠久的空间，因为它具有天然的优势。城市中心有着密集的交通，城市建设不断更新。房地产价值在这个地区最高，突出了集约化使用，因此最高和最负盛名的建筑都位于这里。中心区的周围是一个过渡区，就建筑而言，通常是城市中最悠久的社区，在某种意义上，它要通过中央商务区的扩张来实现自我"更新"。这里的建筑均是早期建设完成的，没有最新的便利设施（比如室内管道），因此这个社区将成为那些经济条件较差的人的家园。随着人们从商业中心区到郊区，城市从中心向外扩展，住房逐步变新。与此同时，居民也变得更富裕。

从某种意义上说，伯吉斯和冯·图宁都描绘了一幅聚落与环境相关联的画面，这种环境都与城市中一个独特的出发点有关——城市的中心商业区。商业区周边是由最古老的住宅组成的最贫穷的社区，再往外是不断更新的和更富裕的社区，直到郊区被密集的农业、森林，以及更多的农场、牧场、歌剧院和最终未开发的土地所取代。当然，这幅图景是站不住脚的。例如，世界上很少有地方的景观符合理论家的理论，而现代技术已经打乱了模型的精度，如制冷工业和汽车技术。例如，对于今天的许多美国城市来说，汽车在交通运输中的主导地位有利于郊区发展，尤其是在较小的城市。在特大城市中，大都市地区的地理环境为中产阶级化社区的大量出现提供了基础。这些社区理论上是过渡区，比如纽约的上西区和波士顿的南端。因此，上述理论可以帮助理解聚落空间，但其仅仅只是初始的指导。

　　其他"城市生态学家"早就注意到了同心圆理论的局限性。1933年，霍默·霍伊特（Homer Hoyt）提出了"扇形理论"，试图回应交通走廊等自然特征的影响。同其他市场方法一样，扇形理论假定某些形式的发展用地位于最佳地点，但各自的发展方式却有所差异。商业倾向于选址中央商务区，制造业和仓储业通常在中央商务区之外，部分原因是它们不需要市中心的这些特征。相反，它们需要有良好的交通条件，因此更有可能建在毗邻运河、铁路的陆地上，或靠近高速公路的地方。由于仓储和工业区通常被认为不是理想的居住区，低收入住宅区则与工业区毗连，为其他中高收入阶层区提供缓冲。从某种意义上说，城市继续向外发展，但每个功能板块都以自身的方式发展。

59

　　哈里斯和乌尔曼（Harris & Ullman，1945）通过建议城市从促进增长的多个角度进行发展和融合，进一步扩展了"城市生态学"模型。所谓"多中心理论"，指的是一种由邻里商业区、工业区、不同种族和社会阶层的住宅区以及中央商务区组成的复合模式，这几个区域以某种方式"黏附"在一起。与其他市场化理论一样，该理论解释了城市发展，进而解释城市对农村影响的实际机制是一个模糊的"竞争"概念，或者简单地说是"市场"。这种简化并不考虑当前的实际过程，而是假定有一个最佳的结果。通过这种方式，这些学者弱化了聚居地发展过程中出现的冲突，尽管他们强调竞争对于聚居地成为中心的重要作用。由此，引发了20世纪七八十年代政治经济模式的复兴。

### 政治经济学

　　20世纪70年代，一代学者开始批判城市社会学的市场假设方法（现在被称为城市生态学学派）。政治经济学家在卡尔·马克思和马克斯·韦伯等学者在早期工作的基础上，对理性决策的假设提出质疑，并断言决定城市结构的是现实的人类活动过程，而不是"看不见的手"。1973年，大卫·哈维（David Harvey）开始了他对巴尔的摩（Baltimore）的研究，紧接着是卡斯特（Castells，1977）、莫伦科普夫（Mollenkopf, 1983）和费金（Feagin, 1988）。在每一个案例中，政治经济学家都将开发商的政治策略和政府政策视为城市发展背后的主要推手。此外，相比人类生态学家，他们也更倾向于将城市作为更广泛的全球网络节点进行研究（Timberlake, 1985；Sassen, 2001）。

政治经济学学派的核心是马克思主义对交换价值和使用价值的区分。交换价值是指人们愿意为某一特定物品支付的金额，无论是建筑用地还是城市公园。交换价值是市场中价值的实际定义，但受限于某些财产的价值不能真正量化这一事实。通常，物品的属性值应被定义为给其周围的人提供的实用工具，或者称为使用价值。就社区的建筑用地而言，对于该地段的业主来说，该物品的最佳价值可能是卖地所得的钱，或者是公寓或停车场开发所赚的钱，这就是交换价值。相比之下，这块地作为一个小区内孩子踢足球的地方，或者居民可以散步和遛狗的地方，也是有使用价值的。冲突往往围绕价值产生。事实上，山顶土地的拥有者可以从交换价值中获益，将土地出售给企业。企业在土地上建造100台风车生产电力，并将其出售给电网。与此同时，社区居民可能会发现，对他们来说景观的使用价值超过交换价值。虽然市场方法假定私有产权不需考虑这些，但政治经济学家认为各类价值之间的差异是引起冲突的原因。

在城市中，这些冲突是通过增长机器——一个由政府官员、开发商和其他商业领袖组成的联盟来缓解的，他们努力为"适当"的发展铺平道路。因此，政治经济学家将人类自身利益和权力发展的基本过程视为城市发展机制。在这一过程中，他们倾向不去忽略城市生态学家在空间模式上的贡献，但他们确实质疑产生这些模式的内在机制。例如从城市生态学角度关注种族隔离，他们强调非裔美国人和中产阶级白人的收入差异决定了人们买得起哪些社区。然而，一位政治经济学家强调种族主义在政府政策中起到的作用，包括根据社区内非裔美国人的数量来界定贫民窟（Massey & Denton, 1993），以及房地产经纪人把客户带到特定社区的意愿程度。

我们认为，政治经济学派的真知灼见会带来一些关于城市空间模式的相似结论。即使在今天，我们仍将美国和世界许多其他地区占主导地位的历史发展模式称为"核心"发展（"core-centric" development）模式。在该模式中，城市中心通常是一个中心商业区和配套住宅区，并推动着城市其余部分的关联发展。这让人想起，在同心圆理论及其相关模式中，核心区的发展吸引了大量的资源和人口，当地文化往往将核心区视为值得投资和保护的理想地点。在这种情况下，核心周围的地区往往会被精英们忽视，他们要么在核心地区居住和投资，要么在外围地区（通常是郊区）生活。因此，高效开发往往集中在核心区的高价值地段，或被推到安置区的外围。这一模式通过城市精英对核心区的认同而得到加强，通过城市绅士化或郊区发展等项目以及地方文化传统来不断强调核心区的重要性。

61 与此相比，许多美国都市圈呈现出"环中心"的发展模式。在这种发展模式下，通常包括市中心在内的城市核心区基本上被城市精英们忽视，居住区的外围成为投资的焦点，从而不利于市中心的发展。在这两种发展模式中，地方文化价值观都将市中心定义为"危险的"，或将其教育系统定义为"有缺陷的"，从而推动或拉动对高利润地区的投资。实质上，被忽视的区域将投资和居民推向其他地区，这一点不仅取决于客观标准，更取决于当地居民的认知。通常对危险的客观评估并不能证明这种担忧是合理的（Glassner, 2000）。

在大都市地区内存在人们喜欢居住和不喜欢居住的区域，这种情况也存在于城乡接合部。在以点为中心和以环为中心的模式中，居住区外围以外更广阔的腹地都被忽视了。奇怪的是，它因缺乏"发展"而备受推崇。事实上，大都市地区广阔的腹地通常是沿着不同的文化和经济理念发展的。腹地为城市生活提供所需的食品、水和原材料。当城市发展时，就依赖周边的腹地生产这些产品。虽然人们普遍认为一座城市的边界终点是郊区最后一栋房子，但实际上它把触角伸到了广阔的腹地。

事实上，城市化的这三个组成部分——一个高度发展的地区、一个衰退的地区，以及一个为资源和娱乐而开发的腹地，对于城市系统的运作都十分重要。城市不只是城市边界线或最后的远郊，而是代表整个城市系统连续的社会关系网的一部分。由于城市依赖腹地来获取最基本的资源，如食物、水和越来越多的电力，因此即使资本主义不曾侵占越来越大的地理区域，城市精英也将被迫对腹地行使某种程度的控制以保持人口的稳定（Thomas, 2010）。

## 后现代空间？

弗雷德里克·詹姆逊（Fredric Jameson, 1991）在《后现代主义：晚期资本主义的文化逻辑》（*Postmodernism：The Cultural Logic of Late Capitalism*）一书中提出，在"现代主义"和新的"后现代主义"现实下，打破过去的景观与风格似乎是一个令人兴奋的文化研究领域。在某种程度上，后现代主义的议程追随文化景观中的新潮流，同样它也追踪建筑、艺术，甚至是景观等文化在我们日常生活中呈现的变化。后现代主义对城市乃至乡村的研究方法不同于早期的理论建构。尽管城市生态学家和政治经济学家都受到其他社会科学，特别是经济学和地理学的深度影响，但后现代主义并不关注人文科学以外的其他科学。从本质上说，后现代主义似乎不同于早期社会学对城市的研究方法，因为其目的不同，社会科学方法试图解释这一现象，而人文科学方法则是批判它。

　　后现代主义者对城市的研究通常围绕着空间的使用展开。索亚（Soja, 1996）将城市空间视为既真实又是想象的空间，他将这一概念称为第三空间（third space）。索亚认为"现实"是第一空间，而对现实的解释是第二空间，即第一空间通过空间性（spatiality）被解释为第二空间。第三空间既包含第一空间的真实空间或意象（imaginary），又包含第二空间的想象的（imagined）现实。因为第三空间既包含第一空间，又包括第二空间，因此不能把二者对立起来。在第三空间中，对种族、阶级、性别和性的辩证探讨与较量相对平等。从本质上说，可以以同样的方式理解城市空间，以碎片化为特征的后现代城市空间，不同的身份认同在其中流动。例如，迪尔和弗鲁思蒂（Dear & Flusty, 1998）将与下列思想相关的空间与后现代洛杉矶联系在一起：全球自由主义（Global Latifundia）、霍尔斯坦化（Holsteinization）、实用主义（Praedatorianism）、柔性主义（Flexism）、新世界双极障碍（New World Bipolar Disorder）、模因传染（Memetic Contagion）、基诺资本主义（Keno Capitalism）、城邦（Citistat）理论、多头无政府状态（Pollyanarchy）和虚假信息高速公路（the Disinformation Superhighway）。之所以如此，一方面是为了避免使用不必要的文化含义的现有术语，同时更为精准地描述现实；另一方面是强化批判社会制度的修辞性作用（Dear, 2003）。

　　空间不仅是争夺和彰显社会身份的场所，也是权力展示的舞台。佐金（Zukin, 1996）注意到，工业资本主义下的历史进程与新的社会和经济发展相结合，从而产生囊括过去和现在权力关系的格局。例如，像俄亥俄州扬斯敦这样的非工业化城市记录了过去的经济、政治和文化事件，它记录了公司将工厂从一个

62

城市搬到另一个城市，甚至从一个国家搬到另一个国家的经济和政治现实，并最终记录了对这些情况做出反应的政治活动。

后现代主义的方法可以被简洁地概括为四个重要的领域：

（1）认知地图：虽然最初由甘斯（Gans，1962）推广，但后现代主义者对空间如何"组合"在一起以及居民如何构建心理地图来行走城市非常感兴趣。大多数后现代主义者认为当代城市是"碎片化"的，分割成不连续的管理空间（Dear & Flusty，1998；Soja，1996）。例如，许多郊区的零售区包含多种功能分区，如商业空间（如购物中心）、行政空间（城镇边界）和私人空间（汽车），所有这些区域都被多个管辖部门重叠管理（Garreau，1992；Davis，1990）。

63　　（2）经济再结构化（restructuring）与全球化：这一观点出现的时间与美国城市的全球化和去工业化同期。后现代主义者采纳政治经济学家的观点，分析全球资本主义对许多城市的影响。这涉及"经济再结构化"，它是运输和通信新技术发展的结果，这些新技术使得公司容易迁移设备至利润最大化的地点（Zukin，1996；Davis，1990）。城市是固定的，而资本是流动的，后现代主义者指出这对城市有着巨大影响。

（3）多元文化主义：后现代理论特别关注文化多样性，尤其是在种族、性别、性和阶级方面（Soja，1996）。然而，后现代身份理论未将基于地方（城市/农村）的身份（Ching & Creed，1997）纳入考量。这种多样性问题被视为基本平等的问题，每一种社会的不平等都被视为文化建构，而不是像传统马克思主义者所主张的结构性现实。然而，结构并没有消失，由于全球化而离乡背井的移民的经历也值得探究。

（4）洛杉矶作为终极后现代城市：洛杉矶被视为未来社会趋势及地理指标的典范，预示着其他城市的发展方向（Dear，2002、2003；Soja，1996）。然而，这种特征不一定是正向的（Soja，1996）。特别是在政治和地理扩张方面，洛杉矶被视为未来大城市的榜样（Garreau，1992）。这种对洛杉矶的崇拜也一直处于批判的中心（Beauregard，2003）。

虽然后现代城市化研究方法的作用更具启发性而不是系统性，但其可以作为对乡村进行大致分类和评价的工具。例如，在研究卡茨基尔山区时，前文提到的城镇类别可以沿着这些方向进一步扩展。例如，罗克兰县（Rockland）、奥兰治县（Orange）和阿尔斯特县（Ulster County）的郊区城镇就像加罗（Garreau,1992）所描述的那样非常分散，这当然并不令人感到意外，因为它们追随洛杉矶发展成为汽车主导型郊区。沿着奥兰治—罗克兰县沿线的熊山地区与索金（Sorkin,1992）所描述的奇观相似，这里建造了一个大的公园系统，但景观没有得到很好的保护，而是被改造成一个过度开发的休闲娱乐空间，其作为野生动植物保护区的作用被极大质疑。本质上，这是一种从城市主义者的角度来看未受破坏的自然景观：一种完全没有乡村居民的"自然"景观。紧靠北方的奥兰治县和阿尔斯特县也同样保留着马场和满是玩具店和有机服装店的村中心——服装店里的服装都是根据中上阶层对农村的看法定制的。同时，那里散布着大型住宅区和住宅开发项目，让人联想到英国乡村，更确切地说，这是英国乡村的一个拟像。后面的章节将更全面 64
地分析卡茨基尔，本段旨在引发读者的一点思考。

## 去城市中心化

　　所有这些方法中存在的问题，不仅涉及乡村社会学，也与城市社会学有关。这个问题就是，作为分析单位的城市应该是去中心化的。回顾第 2 章的内容，城市作为一个更广泛的城市化系统中的一个节点而出现，这个系统既依赖城市也依赖乡村的经济和社会功能。事实上，城市化可以发生在小的农业镇，数千年以来都是如此。城市在 5 500 年的时间里一直是城市化的主要特征，但其兴起于 1 000 年之前。当然，今天的城市拥有政治、经济和文化上的统治力，尽管有人认为这种力量正在向郊区转移（参见 Garreau, 1992；Davis, 2002）。然而，我们认为将郊区理解为城市的延伸更为确切，而且其仍然相当依赖城市中心，尽管如今这个中心更加分散了。然而，城市总是依赖乡村的各种资源，且全球化并没有改变这一点。事实上，全球化是城市依附性趋势的自然延伸，这种趋势迫使城市扩大其腹地。从这个角度来看，没有任何解释城市化的范式能够用于解释乡村地区，或是把"乡村"仅视为"城市"的一部分。由此，两个迫在眉睫的问题凸显了出来。

　　与当前解释乡村地区的城市社会学范式有关的第一个问题是对空间的认识，

具体来说就是乡村地区被理解为城市扩展区域的空间。换言之，"乡村"被认为是一个可移入的空间，而不是一个已经成为该系统运作组成部分的空间。城市的住宅区及其在郊区的延伸被定义为"文明"，而乡村空间要么是满足未来扩张的场地，要么被定义为"什么都不是"。然而，这种文化观点并不新颖，因为它是所有殖民者对殖民地的基本态度。美国人以这种方式看待西部边境——他们很直接地预设当地人是异教徒。由于殖民者侵略了当地人的领地，当地人可能会被驱赶到预定区域。欧洲殖民者对非洲的看法也大致相同，他们认为在这之前不存在任何同等价值的文明，以合理化对非洲大陆的占领。在殖民化中发现的这种文化意识应理解为在城市依赖性中发现的扩张需求的延伸，也就是说城市依赖性扩大到了

65　　民族国家水平。正如第2章所讨论的，城市体系的创建在很多情况下导致了我们今天所说的殖民扩张。

　　当前城市化模式的一个必然弱点是将乡村空间和乡村人口视为"外来的"。乡村已经被定义为"非城市"，而这又造成了乡村环境多样性的最小化。菲钦（Fitchen, 1991）区分了"真正的乡村空间"和那些与城市融合得更好的空间。这种区别是深刻的，一个"真正的"乡村拥有一个完整的独立空间，十分依赖农业生产，甚至缺乏一个小的城市中心作为核心场所功能的支柱。因此，经济在这些村镇中相当地分散。相比之下，与城市系统融合程度更高的社区通常靠近城市中心，尤其是大城市。例如，纽约州的斯科哈里县（Schoharie County）在卡茨基尔山区县北部，居民不到3万人，最大的社区只有5 000人，其中大约一半是一所小型专科学校的学生。然而，该县与20英里外的奥尔巴尼（Albany）和斯克内克塔迪市（Schenectady）高度融合，被划为该大城市的一部分。

　　同样，不仅需要区分发达国家的这类农村地区，而且需要区分像大多数发达国家那样经历了城市发展的乡村地区和像发展中国家那样没有经历城市发展的乡村地区。例如，许多发展中国家的乡村地区是城市腹地的一部分，它们与城市融为一体，有时甚至与郊区社区相混淆。可以肯定的是，这些地区与城市的融合程度是不同的，比如巴尔的摩北部的"马之乡"（horse country），以及菲钦（Fitchen, 1991）所讨论的纽约西南部地区真正的乡村地区。在这些地区，许多乡村社区已经或曾经开展了成规模的工业生产，甚至有农业公司。然而，在发展中国家乡村地区更紧要的是解决生计问题。

　　乡村地区一般都有某些共同的特点，往往是空间动态发展的结果，而且会对

文化产生影响。乡村地区与主要城市功能区之间存在着地理距离，而这又会转化为社会距离。在某些行业，如银行业和零售业，在已经集中在城市的情况下，尤其如此。例如，由于20世纪50年代银行业的许多机构由小城镇的地方精英拥有和经营，因此地方官员可以作出信贷决策或帮助解决问题。随着银行业务在位于大城市的总部公司里集中，这种行政职能已变得官僚化，地方控制能力减弱（Thomas & Smith, 2009）。同样，在政府部门，很多基础建设项目，特别是那些最引人注目的项目，如高速公路和其他此类基建项目，也都集中在城市。这使得许多村民认为他们不会从这些开支中获益，但却要缴税。

同样，城市精英以较低的价格寻找新的乡村资源，使乡村社区相互竞争外部投资，特别是城市投资。美国的金融之都在纽约不是秘密（Sassen, 2001），但在乡村社区投资的小银行和其他金融机构也倾向将总部设在大城市。这又一次让村民认为投资主要是为了城市利益。

乡村地区——几乎从定义中就能发现——通常有着相当大规模的可用空间。实际上，这是一个错误的观念，大多数乡村社区居民自己的土地相对较少，因为他们居住在密集的核心住宅区。开阔的土地被政府、农业生产者以及越来越多的城市游客所享有，他们购买大量土地产权用于狩猎、捕鱼，并称这些东西是属于他们的。然而，乡村的开放空间在过去起到了鼓励不同于城市"主流"的个性化和／或亚文化的作用，有时会吸引那些希望摆脱城市压力的城市个体和亚文化群体迁徙至乡村。

## 乡村拟像主题

乡村的三个方面以及它们与都市性（urbanism）的地理和社会的距离共同创造出乡村拟像："乡村"的形象存在于想象的理想化图景中，尽管这种图景是基于理想化现实的感知。乡村拟像具有三个相互关联的主题，它们分别是：① 乡村是野性的；② 乡村是质朴的；③ 乡村是隐居的。

### 野性的乡村

也许与城市文化支配权和乡村资源控制有关的基调是乡村的野性。这一观

66

点认为，乡村腹地被理解为"文明"城市所拥有的辽阔空间，城市可以在其中扩张并开采资源。这是西方对"自然"的理解。乡村不是与城市一脉相承的景观，而是作为一个分割的且具备开发条件的"非空间"。城市支配权将自然和乡村定义为因城市利益而被利用的空间，乡村空间既需要被驯服，又需要被保护。驯服自然和保护自然的目的似乎是矛盾的，但它们共同的概念主线是城市利益集团享有对空间的控制权，他们以牺牲当地居民的利益为代价来控制空间。

从历史上看，城市主导地位的确立导致城市成为对乡村的简单的索取方，即城市精英将乡村空间视为城市"势力范围"的一部分。当然，这种主张的执行往往是通过武力胁迫或国家发展的法律手段来实现的（Thomas, 2005）。文化支配权往往是为了满足那些控制贸易顺差的当地人的利益，通常是当地的精英阶层。因此，文化支配权容易被当地精英所接受，他们能从更广泛或全球性的关系中获益，一般当地人却无法从中获益。随着地方精英开始接受城市主导的观点，而不是更纯粹的地方利益（现在被定义为"狭隘的"利益），"局内人"和"局外人"之间的基本冲突由此产生。当地城市化的空间是一个值得关注的主要领域。

更广为人知的是，关于利用乡村资源的争论涉及为满足城市消费而开采资源这一话题。一旦提及此事，就会让人想起针对美国西部采矿业和林业的争论。针对亚马逊热带雨林中"刀耕火种"农业和富含石油或天然气地区燃料开采的争论历历在目。[1]例如，为了纽约市的利益，卡茨基尔山区在150年时间里修建了许多水库，水库周围形成一个大型保护区和一个远离水源的农业文化景观区。这里的风景是"自然的"，因为这里没有人，然而纽约的这个地区几千年来一直有定居人口。本质上，"自然"被定义为一个没有人的状态。在这种情况下，这些人要么是早期居住在该地区的本土阿尔冈基人（Algonkian）和易洛魁人（Iroquois），要么是在18世纪晚期取代了自给自足农业的（主要是）欧洲人。因此纽约市不再需要将其腹地用于农村生产，因为这类产品可以从更远的地方购买。从某种意义上说，"世界"都是纽约的原料供应地。这使城市精英能够奉行限制卡茨基尔这方面功能的政策。在这种情况下，水是保护卡茨基尔的主要原因——通过保护，该市一直能够保持足够纯净的供水，从而避免环境保护局（Environmental Protection Agency）下令其为水源建造一套昂贵的过滤系统。根据2008年的一份新闻稿，纽约拥有的大片土地将很快向徒步旅行者和猎人开放，以供娱乐之用。

20世纪90年代在美国西北太平洋地区也出现过类似的情况。为了应对斑点猫头鹰数量减少的情况，美国环境保护局限制在该地区伐木。因此依靠伐木维持生计的当地居民和主张保护濒危物种的环保主义者之间产生了冲突。再一次，许多精英认为当地（农村）居民的命运是次要的，因为全球经济中的任何区域都可以满足城市系统对木材的需求。

上述两种情况中，所涉的农村地区都被剥夺了自主决议权，而城市制度的重要性也被认为高于地方利益。俄勒冈州伐木的支持者认为伐木是为了向（城市）系统出售木材，而环境学家则假设木材可以来自（城市）系统的其他地方。同样，自19世纪以来，并没有人严肃地建议纽约限制其市区的扩展，因此纽约有权在100英里以外的水库取水。在几个州北部的县发现了天然气和优良的风力资源后，企业家们的设想是这些资源应该开发并出售给“电网”，而不是供其所在社区使用。 68

为了延续这种臆断，占主导地位的城市文化发展出了一些固化性的概念，将乡村社区的利益降到最低，并认为更大的城市系统对资源的占有是合理的。诸如“多数人的利益大于少数人的需要”之类的陈词滥调，利用以社区冲突为先决条件的逻辑，证明人口较少的地区为人口较多的地区拨出资源是合理的。此外，在流行文化中，乡村地区的居民往往被描述为暴力、智力低下或二者兼而有之。例如，20世纪90年代流行的电子游戏《乡下人横冲直撞》（*Redneck Rastage*），其中的角色在乡村景象中穿着典型的乡村服装。这款游戏的终极任务是杀死他们并从入侵的外星人手中拯救地球。在《辛普森一家》（*The Simpsons*）等电视剧中，笨蛋乡巴佬经常作为被嘲笑的对象。第7章还将讨论在流行文化中发现的乡村刻板印象的其他例子。

### 质朴的乡村

乡村生活也被视为一种理想化的过去，许多人期望回到过去。从某种意义上说，人口密度低而极具仪式感的农业城镇的过去被视为一个曾经存在的现实——我们现在称之为“真实的天堂”。斯普林伍德（Springwood, 1996）将这种农业的纯净感和失落的历史称为“田园理想”，这是贯穿美国文化的主题。你会想起我们早先讨论过的类似“往昔更幸福的神话”（Williams, 1973）。无论在何种情景下，这种信念都是基于并有利于城市利益的。

这一文化理想的目标如上所述，就是保护。然而，视乡村为野性的文化理想是保护和/或控制自然，而在农村则是为了维护一个重要的意识形态，即具有象征意义的过去。虽然具有历史意义，但是乡村作为一种质朴的主题与现实历史的联系却并不紧密。在大多数城市地区的腹地，都有以田园风情小城镇为经济基础的旅游小城镇。宾夕法尼亚州的兰开斯特县（Lancaster County）也许是一个宣扬田园思想的最好的例子。阿米什人（Amish）拒绝采用现代技术，因此兰开斯特县至今仍是一个郊区（邻近费城）。通过相关条例，该县鼓励塑造往昔乡村形象的发展模式，同时发展旅游经济，并极大地受惠于当地的手工艺。讽刺的是，尽管该地区自称是另一个时代的历史遗留，但旅游业的基础是向那些经常从附近大都市中心来进行一日游的旅客推销田园理想。

同样，在纽约州北部的库珀斯敦村自称是"美国最完美的村庄"。库珀斯敦是棒球名人堂和奥齐戈湖（Otsego Lake）的所在地。经过几十年的严格监管，通过对标识的大小和材料、商店橱窗的陈列类型以及新建筑形式的严格规定，该地形成了目前的街景，小商店里到处都是棒球用具和"正宗"的乡村装备。今天的村庄和一百年前的小镇几乎没有什么两样，建筑物上随处可见"花哨"的大标志，窗户上还能看到成堆的桶和袋子。然而，乡村精英们在20世纪70年代意识到，随着都市人寻求美国小镇的形象，这样的展示已经过时。这些元素的保留与呈现旨在为社区建立一种共同的审美标准，这种审美标准与都市人眼中的"小镇"完美契合，而现实如何并没有那么重要（Thomas，2003；另见第5章）。该地区诸如普拉西德湖（Lake Placid）、纽约、罗克波特（Rockport）、马萨诸塞州（Massachusetts）和长岛的汉普顿（Hamptons）等的其他小镇中也可以找到类似的审美标准。这种审美理想在新城市主义建筑中也可以找到。这并不出人意料，因为在小镇看到的街景与其说是乡村的，不如说是城市的，它们的建筑和社区规划原则与19世纪末和20世纪初城市地区的相同。

乡村质朴的特性承认人在景观中的存在，这是乡村野性的特性所忽略的。因此，人群属性并不是野蛮的，但是正如对历史的感知让人回想起一个"更简单"的时代一样，农村地区的人也被视为更简单、更淳朴，甚至可能不那么聪明的乡下人。所以，人们立即被格里纳克斯（Greenacres）的角色所吸引。20世纪90年代的电视剧《北国风云》中，主角乔尔·弗莱施曼（Joel Fleischmann）博士是一名刚从医学院毕业的学生。由于一个错误，他来到"阿拉斯加里维埃拉"

(Alaskan Riviera)的西塞利(Cicely)。在这里，一群角色展示了阿拉斯加小镇既古怪又简单的乡村生活。那些从其他地方搬到小镇的人被描绘成来自城市的难民，他们有着完全保守的特质和依赖他人的心态，而当地人——主要是当地印第安部落的成员——则被描绘成特殊的，但又是拥有更基本、更自然或更简单智慧的个体。然后，乔尔博士在被送回纽约之前学到了很多关于生活的东西，他放弃自己的行医生涯，放弃自己的爱好，放弃对探索自然的热爱，去追求只有在大城市才能找到的文明的希望。

## 隐居的乡村

70

　　鉴于另外两个特性强调乡村无论是在发展模式还是文化上都是非城市的，第三个特性将田园生活作为逃离城市的出发点也就不足为奇了。乡村地区至少为其居民提供了独立的可能性。虽然木材或天然气等许多自然资源会通过贸易进入城市系统，但只要这些资源没有进入更广泛的城市系统，农村居民在使用上就算是可持续性的。例如，在纽约樱桃谷(Cherry Valley)拟建一座风力发电场，计划是在一座山顶上建造24座涡轮机。该地区的许多居民认为虽然24台涡轮机的视觉影响会非常大，但还要考虑到该项目将产生供应3万多户家庭的巨大电力。留尼旺电力公司(Reunion Power Company)的资料显示，每台涡轮机可以为1200多户家庭供电。这意味着乡村有能源独立的潜力，正如一位当地居民所评价的那样：

　　　　县里每个小镇的山顶上都有一两个风车，这没什么大不了的。如果它能减少我们的电费，我不介意在山上看到一个，但这不是他们要做的事。他们想在樱桃谷做的是建一堆这样的风车，把视野搞砸，然后把电卖给电网。所以樱桃谷居民被糟糕的景观困住了，而且得不到任何好处。

　　开发人员发表的文献承认了这一基本想法(East Hill Wind Farm FAO, 2008)：

　　　　美国国家电网(National Grid)的客户很可能不会因为东山风电场的安装而立即看到电力成本的下降。然而，纽约州公务员制度委员会在投票通过纽约州的可再生能源组合标准（RPS）法案后表示，客户账单的影响不大。他们进一步指出，由于系统中增加了大量可再生资源，能源批发价格可能会下降。换言之，新的风电场，如在东山拟建的风电场，将在纽约州系统中增加可再生能源供应，这很可能在今后降低能耗。

换句话说，只有当包括城市地区在内的整个电网都因市场力量而下跌时，电价才会下跌。

一个社区的结构及其所处的更广泛的结构，可以对日常生活产生重大影响。这种日常生活的结构和互动关系反过来又影响着文化。这一过程中的中介机制存在于空间环境中，即第二部分的主题。

71  注解

1. 虽然这一讨论的重点是工业化国家乡村居民相对缺乏能动性的问题，但应当指出的是，发展中国家也存在类似的情况。在英国等发达国家都能发现这些国家的城市精英的足迹（详细的讨论可见 Escobar, 1995：155—161）。

# 第一部分回顾：哈特维克与社会结构

哈特维克聚居地创建不久，就已经发展成为一个自给自足的农业社区。19世
纪晚期，它开始将农产品运输到奥尼昂塔或莫霍克，销售至更广阔的城市地区。
在世纪之交，铁路修至哈特维克，使其物流交通更为便捷。该地区最大的农业市
场位于约40英里外的尤蒂卡，但是在1900年，从哈特维克到尤蒂卡，即使坐火
车也要一天时间才能抵达（Nestle，1959）。尤蒂卡市场吸引着来自整个区域的农
业生产者，这些生产者由于彼此之间竞争激烈被迫降低产品价格。在维持生计的
生活方式下，哈特维克人生产粮食以满足自己和当地社区的需要；在城市模式下，
剩余粮食会在更大的市场上出售，与100英里以外的其他农产品竞争，价格也随
之降低。该制度的优点是，一个地方的不利条件可以通过从另一个地方进口加以
补救。对于城市消费者来说，丰富的食物来源降低了生活成本。对哈特维克来说，
经济体系从以当地环境为基础扩大到以在城市市场销售农产品为基础的城市体系，
这也意味着获得资金和城市生产者的产品——从服装到珠宝再到装配式住房无所
不包。但是这也让哈特维克失去了独立性，与城市体系的融合意味着，哈特维克
只是数百个潜在的农村之一，所有村庄都在争夺同样的资源。

一旦食物被卖到城市系统，它就有可能被运输到系统内的任何地方。例
如，从尤蒂卡区域市场，食物可以被运送到伊利湖（Lake Erie）岸的布法罗
（Buffalo）、大西洋岸的纽约或其他任何地方。实际上，这种"系统"意味着哈特
维克在与整个世界竞争，而且有了自身的优势产业。例如，20世纪初该村生产的
一种抛光银器被销往世界各地，同样的，到了20世纪90年代末，其生产的木材产
品也受到世界各地的欢迎。

哈特维克在20世纪50年代是一个完整的社会结构。乡村精英由当地的专业人
士、商人和教育家组成，他们在当地政治中颇具影响力。当地的农民被归于有产
阶级，同样具有一定的政治影响力。农村的工薪阶层和技术工人组成了中下层阶
级。即使在奥齐戈县，精英阶层也不是特别富有：如库珀斯敦已经富裕了好几
个世代的家庭。奥尼昂塔的一群股东正在创造一批新的百万富翁，他们在20世纪
30年代获得了一家位于恩迪科特的新兴机械公司的股份，即后来的国际商业机器
公司（IBM）。总体来说，哈特维克是一个拥有相对独立的社会结构和社区自豪感
的小乡村。

　　20世纪50—60年代该村的发展开始缓慢衰退。虽然主街的情况变化不大，但居民驱车前往库珀斯敦和奥尼昂塔购买货物和服务的行为削弱了该村的经济基础。从20世纪60—70年代，这里的商店开始关门，使得更多的居民选择去其他地方购物。1976—1978年，当地经济崩溃。1980年，居民几乎依赖附近的库珀斯敦提供所有的商品和服务（Thomas，2003）。交通和通信技术的进步——汽车、电话，最终还有电脑都让居民在其他地方购物和互动变得更加便捷。

　　在空间结构上，哈特维克受到的这些影响使它成为库珀斯敦社区内的一个分支。当村里的精英成员发现自己为哈特维克以外的人工作时，他们的力量虽未被消除，却也被削弱了。实际上，哈特维克如今不再是一个独立的社区，其发展受制于其他地方决策者的想法。就像卡茨基尔山区的许多其他社区一样，哈特维克位于全球等级制度的最底层，虽有幸属于一个全球体系的"核心"国家，但完全不处于其社会的"中心"。

# 第二部分　空间

　　　本书开篇讨论了学术界和行政部门关于乡村的定义，强调了政治与经济结构、空间和文化的重要性。现在，我们把焦点转向空间及其所处的复杂场所制造过程中与文化的交互方式。我们优先考虑空间和地点在社会生活中的作用，从社会学角度理解它们，这样有助于形成研究框架。

　　　喜剧演员杰夫·福克斯沃西（Jeff Foxworthy）以其乡村风格而闻名，他曾打趣说："如果你去过的最大城市是沃尔玛，你可能是个乡下人。"撇开对乡下人的贬损不谈，我们或许会欣赏这个笑话的幽默之处，因为它揭示了空间对乡下人的影响。对于城市居民来说，去沃尔玛这样的购物中心可能只需要区区五分钟车程，当然这取决于交通情况。然而，对于居住在偏远农村地区的人来说，这类出行可能需要精细的规划和长时间的驾驶。例如，一个人怎么会为了买冷冻食品，开两个小时的车，最后带着一滩水和解冻的豌豆回家呢？个人在城市环境中习以为常的基本日常事务，由于乡村环境中物质空间的考验而变得复杂。从这个角度来看，城市地区具有许多空间效益和相对优势（Lobao，2004）。

　　　这一点尤其重要，例如，当我们考虑劳动力市场的实际可达性、教育机会或必要的健康设施时，乡村地区的个人可能胜任某一特定的工作，但距离的遥远可能让他们无法找到合适的雇主。随着年轻人逐渐长大并渴望完成大学学业，他们会发现乡村社区的选择机会很少，并且如果他们离开乡村去上大学的话，就不太可能回到家乡生活和工作。如果有人因为心脏病发作而需要立即就医，那么物质性空间（距离）就意味着是生与死的差别。结果是，乡村人体验到了一种相对的劣势，这种劣势可理解为空间的不平等性（Tickamyer，2000；Lobao & Saenz，2002；Lobao，2004）。

　　　社会学研究一般不重视空间和场所，而关注群体、社区、网络和社会生活，以及种族、阶级和性别等社会不平等现象。但是，该学科倾向将这些事实置于真空之中。洛邦（Lobao，1996、2004）认为主流社会学试图通过语境不变和空间不变的理论来解释集体行为。正如安东尼·吉登斯（Anthony Gidden，1987、1990）等当代理论家所指出的那样，人们普遍承认社会学研究空间的价值和必要性，但这也给许多子领域带来了挑战，如乡村社会学、城市社会学、社区社会学、环境社会学和人口学（Tickamyer，2000），当然还有地理学。尽管社会学在将时间纳入理论和方法论等方面取得了长足进步，但在空间整合方面滞后了。

美国的社会学一开始几乎只关注芝加哥城市的空间发展模式，即由罗伯特·帕克（Robert Park）和他同事们所主持的调查研究——今天被称为人类生态学的芝加哥学派（例如，Park、Burgess & McKenzie，1967），这一点颇具讽刺意味。在几十年的时间里，社会学的核心研究避开了乡村这一主线，将其归入上文提到的专门性子领域。

　　乡村社会学的分支领域一直致力于宣传物质性空间在社会生活中的作用。多年前，乡村社会学家罗纳德·温伯利致函乡村社会学协会，建议该协会改名为空间社会学协会。乡村社会学协会长期以来一直在与自己的身份作斗争，并一直在理性地反思如何改善自我形象，以使其更中肯、更具时代性。对许多人来说，乡村这个词显得陈旧过时，事实上如果认识不到物质性空间无处不在的重要性，就难以想象乡村。乡村社会学协会尚未决定更改名称，但其已有一系列有趣的发展。乡村社会学协会前主席（也是温伯利的学生）琳达·洛邦（Linda Lobao）领导了一场知识运动，以期促使乡村社会学家将空间和空间不平等作为该领域的重要特征（features）。

　　2003年乡村社会协会议关注的是空间不平等的概念，即"谁得到什么，在哪里得到"（Lobao，2004）。根据洛邦（Lobao，2004）的观点，关键问题是领地（territorial）不对称是如何产生、持续及改变的？洛邦（Lobao，1996、2004）认为，基于一系列现有的研究传统，整合空间和地方的价值，这个概念有了统一的规划。这些传统涉猎范围很广，从对家庭微观社会学的关注，到对中等地域（如国家以下地区）的研究，再到宏观社会单位（世界政治经济系统中的整个社会与国家）的分析。这个研究的共同主线是空间与社会关系的相互影响。洛邦（Lobao，1996）认为，未来乡村社会学研究的主要领域之一应该是通过不同的空间环境，向现有的空间理论提出挑战。洛邦（Lobao，2004）也注意到，许多社会学在当代空间研究中的城市偏见，就如在"全球城市"研究中的一样（Sassen，2001）。她认为，通过研究全球体系中的农村地域单位，我们能获得一个更为公正的关于全球社会变革的观点。

　　早期主流社会学的主要关注点从对物质性空间的分析转向对人类活动的文化研究（Hawley，1986；Lyon，1987）。遗憾的是，在这个关键时刻，没有人看到空间和文化整合分析的潜力。同样令人惊讶的是，乡村社会学虽然重燃了对空间的兴趣，却忽略了对文化的专题研究，这是我们在写这本书的过程中，于文献研究和主要关注的领域发现的一个关键空白。从我们的目的出发，我们主要关注的是文化与空间的交互方式，以及这种方式如何在乡村社区中造成政治、经济和文化形式上的空间不平等。

逖科迈尔（Tickamyer, 2000：806）敏锐地指出："权力关系、结构的不平等、支配和服从的实践都深深地嵌入了空间设计及其关系之中。"我们认为，社区的空间设计隐含着文化的支配与从属关系，这种关系在客观的物质空间中是可以观察到的。由于研究需要，我们借鉴了城市社会学家莫洛奇、弗洛登堡和保尔森（Molotch、Freudenberg & Paulsen, 2000）对空间、特性和传统的研究。正如他们所提到的（Molotch, 2000：792）：

> 我们恢复了特性和传统的概念，成为理解地方独特性的来源的一种方法：地方是如何实现一致性的，这种特性会如何自我再现。

特性和传统是一个社区的特点，反映了一个地方自然环境中人类活动的"物质性痕迹"。这些痕迹包括建筑设计、已建成的基础设施，以及诸如"商店招牌、植物种植、涂鸦和商店橱窗中展示的商品种类"等细节（Molotch等，2000：794-795）。我们仅仅通过观察社区的空间特性，就可以了解社区的信仰、价值观和意识形态。这些物质性痕迹为我们提供了同时研究文化与空间的潜力，就像人类学家争先恐后理解一种正在形成的文化［类似于伯杰（Berger, 1963）关于社会学家在时间方面充当历史学家的概念］。与莫洛奇等人不同，我们不关注城市环境。具体而言，我们考察了纽约州卡茨基尔山区乡村的特性和传统。然而，像莫

78　洛奇和他的同行们一样，我们把社区的面貌看作实践的痕迹。

根据莫洛奇等（Molotch等，2000：793）的说法，当地特性是历经岁月而形成的实践痕迹，或"一系列物质和社会要素在给定地点的结合方式"。传统是结构化的经验性痕迹（empirical trace），在结构化过程中，行为者将其行动建立在社会结构上，同时这个社会结构本身也是过去行动的结果，新的行动又重建或调适着社会结构。特性是人类行动（agency）的直接印记（imprint），反映行为者在特定时间和空间交界处的行动和选择；传统代表角色随时间变化，提供一种连续性的感觉。综合来看，传统和当地特性为研究地方的独特性提供了一种实证方法，也就是说它们是在场所创造过程中形成的概念。

　　这促使我们思考空间以及与空间有关的场所的形成。在这一点上，其可以帮助我们构想缺乏场所独特性的物质性空间。假设我们开车沿着位于美国大多数大中型城市或其周边的众多"独立的零售商业地带"(disembodied retail strips) 前行，在经过百思买 (Best Buy)、凯马特 (Kmart) 和沃尔玛、塔吉特 (Target)、家得宝 (Home Depot)、劳氏 (Lowe's)、贝德 (Bed)、巴斯 (Bath) 等有名气的店铺，苹果蜜蜂 (Applebees)、智利菜 (Chiles)、红龙虾 (Red Lobster)、橄榄园 (Olive Garden) 等餐厅，麦当劳 (McDonald's)、汉堡王 (Burger King)、塔可钟 (Taco Bell)、温迪 (Ana Wendy's) 等快餐店时，我们会有一种奇特的熟悉感。当建筑、标识、景观和总体的外观和感觉无明显特征时，你很难察觉自己在探索一个新的地方。因此，单独的零售商业地带代表了一个预先包装、具有大众属性的传统，而不是一个独特的、以当地特性和传统为基础的社区。这个曾经等同于国家文化的大众社会，如今正变得越来越全球化。在对其物质表现形式的每一次迭代中，它都再现了昆茨勒 (Kuntsler, 1994) 所说的"无特征地理学"(geography of nowhere)。

　　在多数情况下，相互竞争的全球、国家和地方文化力量各具传统与特性，它们相互碰撞，从而形成地域的不均衡。有些社区，比如纽约的库珀斯敦，通过有意识地阻止连锁商店和餐馆进入市中心的特定区域，强化了自身的特性和传统。有的地方则欢迎大众流行的特性和传统进入其空间，从而有意或无意地消灭了地方特性和地方传统。还有一些地方，如北卡罗来纳州的卡里 (Cary)，虽然允许连锁店进入社区，但前提是必须遵守一系列严格的规章制度，例如在商店标识上采用单色配色方案，这样就以当地的方式改变了大众文化的特性和传统。

　　因此，在分析场所和场所制造 (place-making) 时，必须承认空间具有多层次和孵化性 (nested) 的特质 (Tickamyer, 2000；Lobao, 2004)。世界上没有任何一个地方是作为"孤岛"而存在的，而且正变得越来越同质化。单纯地认为各地的特性和传统只是当地文化的直接反映是错误的。我们认为，大众文化对某一特定社区的影响程度是"显而易觉"的，因为它是如此统一和容易识别。在大多数情况下，独立零售商业地带往往远离当地曾经的中心商业区，通常会以激进的方式改变其特性和传统，导致一定的不平衡。然而，如果大众文化由"城市范式"塑造，那么大众文化特性和传统对具有特定 (definite) 空间形态的乡村社区的入侵就是一种意识形态攻击，这同时也是一个值得我们分析的重要问题。

# 第4章 卡茨基尔的结构化

有种说法认为，空间"结构化"（structurates）文化有助于理解政治经济事实如何在地方化环境中作用和显现出来。当然，文化不应该被理解为大一统（monolithic）的上层建筑，而是由"编撰"（compose）它们的个体之间相互作用而产生的（Collins，1975）。因此，文化在不同地域间表现不同，最终在某些场所催生出来，尤其是那些在物质空间上具有吸引力的场所。基于此，可以预见一个地区，基于空间距离及其伴随的社会距离，可能存在的地方文化变异（variation），最终累积成显著的城乡差异。为了证明这一观点，我们将目光投向纽约市西北的卡茨基尔山区。

## 卡茨基尔的文化

纽约州东南部的卡茨基尔山区可能是美国境内受发展威胁最大的山区。该区域包括9个县的160个乡镇——切南戈（Chenango）、特拉华（Delaware）、格林（Greene）、奥兰治、奥齐戈、罗克兰、斯科哈里、沙利文和阿尔斯特。联邦政府将其中三个县划入纽约综合统计区（CSA，以前被称为综合都市统计区），一个属于奥尔巴尼CSA，另一个为奥尼昂塔小都市区（Oneonta Micropolitan Area）。在剩下的四个"乡村"县中，有两个（格林和沙利文）由于靠近大城市而面临着巨大的发展压力（USBC，2010）。阿巴拉契亚地区委员会将四个县（切南戈、特拉华、奥齐戈和斯科哈里）划为阿巴拉契亚山区的一部分。在本章和下一章中，我们将纽约综合统

计区中的那些城镇称为"大都市区城镇"，以区别于其他地区。

该地区的移民源自多处。其中，该地区东岸的哈德逊河流域无论在过去还是现在都尤为重要。此外，历史上特拉华河曾促成了与费城的贸易，特别是木材交易。卡茨基尔和西方收费公路等一系列陆路交通也为该地区的早期发展带来了移民。在斯科哈里和奥齐戈的北部，早期移民从莫霍克山谷涌入，但到了20世纪初，该山谷的工业城市成为那些流离失所的村民的首选（Thomas，2005）。

到20世纪初，该地区的居住模式已基本确定（Fitchen，1991）。阿尔斯特、斯科哈里和特拉华州部分地区的山区城市化程度最低，其特点是农业生产与资源开采，特别是在木材方面，能自给自足。这一中心区域周边是一片以农业为特色的高

山景观，陡峭的山坡上常常树木繁茂，但山顶和谷底相对平坦的土地则以耕种为主。当人们到达哈德逊山谷和莫霍克山谷时，会发现这种格局在距核心区域很远的地区尤为明显。这些地区周围的农业人口比核心地区多。然而，在核心区域内的小型社区中每15英里只有不到1 000名居民，但其居住模式更为复杂。历史上，沿山谷每隔3～5英里就有一个农业村落，每隔8～10英里会出现一处有500～1 000名居民的大村庄。这些社区过去曾扮演着各种各样的职能中心，但汽车的出现使它们与那些密度更高、规模更大的社区相比，只能处于从属地位（Thomas, 2003）。在许多类似这样的地方，曾经繁荣的地方学校、便利店、餐馆和邮局等只剩下最后的遗迹。每隔25～30英里，就会有一个2 000～5 000名居民的社区。这些集镇（社区）大多承担着基本商品和服务的中心职能，尽管越来越多的专业化零售店只在大型商业中心出现。比这些社区规模更大的是一系列的工业城市，这些地方的城镇人口可能达到5 000～10 000人或更多，尤其是沿着哈德逊河，以及从奥尼昂塔到贝恩的萨斯奎汉纳山谷区域（Susquehanna Valley）。

　　自第二次世界大战结束以来，该地区的大部分增长都源自纽约市郊区的蔓延。洛克兰德县位于哈德逊河谷和新泽西的南部，几十年来无疑是大都市区的一部分，但其北部相邻的奥兰治县则被定义为独立的大都市区（通常称为纽堡市中心），与哈德逊河对岸的波基普西相连，或者被视为纽约大都市区的一部分区域。这反映了南方的发展和纽约最偏远郊区相对独立的特征，这种相对独立的动态发展也出现在长岛上。不出所料，如今卡茨基尔区的主要社会分界是被大都市区所吸纳的地区和那些没有被吸纳的乡镇之间的分界。这一点在图4.1中明显可见，越来越多的与纽约相关联的"城市化程度高"的小镇其北部和西部地区越具有乡村特色。

83

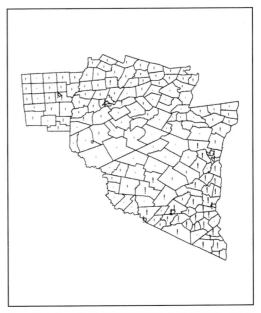

注：较大的点号代表更高城市化水平的城镇，较小的点号则代表更具乡村特色的城镇

图4.1　卡茨基尔的城市化程度

　　城市化与许多其他要素发展趋势有关，如城镇收入中位数和房价中位数。例如，在图4.2a显示，与都市经济紧密结合的城镇收入中位数要高得多，图4.2b在房价中位数方面也呈现出类似情况。事实上，纽约综合统计区内城镇的家庭收入中位数比2000年非该区域城镇的家庭收入中位数高47%（52 074.96 ∶ 35 424.79）。2000年房价中位数表现出类似特征，综合统计区中的城镇房价的平均水平为142 567.35美元，比非综合统计区内城镇的该项数据（77 313.51美元）高出84.4%。

 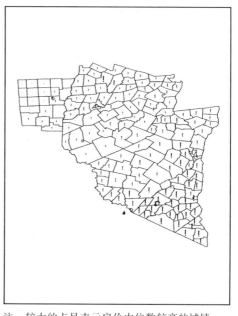

注：较大的点号表示收入中位数水平较高的城镇　　　注：较大的点号表示房价中位数较高的城镇

图4.2a　2000年卡茨基尔地区家庭收入中位数　　图4.2b　2000年卡茨基尔地区房价中位数

85　　　居民收入也因社区类型而异。在2000年，大都市圈外的社区繁荣程度总体上比大都市圈内要低。此外，这种普遍的大都市圈外社区较低繁荣程度的现象甚至在不同类型的城镇中也存在，其中乡村、工业城镇和郊区小镇的收入中位数大致相同（分别为35 398美元、33 538美元和35 032美元）。在两个非都市圈内的市中心，奥尼昂塔和诺维奇（Norwich）的平均收入中位数为29 256美元，但由于奥尼昂塔有较多的大学生（超过8 000人），导致数据陡降。相比之下，在纽约都市圈内的城镇数据说明其收入中位数的复杂性与范围都更大。工业城镇由于发展较早而经济状况最差，因此与较新的城镇相比，它们有着更高比例的老房屋：工业城镇的平均收入中位数为40 258美元，然而这一数值还是高于都市圈以外的任何地区。该地区范围内的城市平均收入中位数略高，为44 298美元。农业城镇（但并非完全成为许多郊区居民或购买第二套房者的居住地）平均收入为49 687美元。然而，郊区城镇家庭平均收入的中位数为55 839美元，在南奥兰治（southern Orange）和罗克兰（Rockland）的郊区家庭平均收入中位数甚至更高。

这种基本的收入模式也体现在房价的中位数上，尽管这一情况会更加复杂。与收入一样，大都市圈内的城镇房价中位数高于非都市圈内的城镇房价。在非都市圈的城镇里，工业城镇的情况又是最糟糕的，2000年平均房价中位数为68 388美元。农业城镇例如奥尼昂塔、诺维奇两座城市的情况大致相同，前者的平均值为77 669美元，而后者的平均值为77 314美元。城郊的房价最高，为84 500美元。然而，在都市圈内的房价要高得多。即使是工业城镇，房价中位数也高达94 467美元，这也是唯一一类房价低于100 000美元的都市圈城镇。城市的房价中位数为118 240美元。与收入一样，大都市区的乡村和郊区城镇更有优势，农业城镇的平均房价中位数为131 738美元，郊区城镇的平均房价为157 093美元。

如图4.3a和4.3b所示，该地区的郊区化也导致了白人比例的下降，主要原因

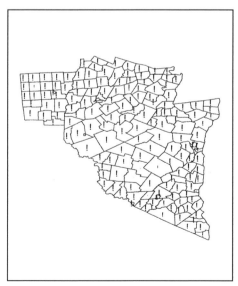 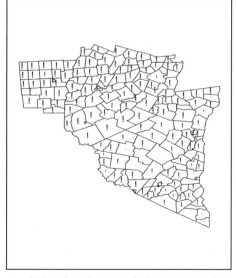

注：较大的点号表示1970年白人人口占比高的城镇

注：较大的点号表示2000年白人人口占比高的城镇

图4.3a 1970年卡茨基尔地区按乡镇划分的白人比例

图4.3b 2000年卡茨基尔地区按乡镇划分的白人比例

是该地区随着白人前往纽约而变得更加非白人化。在郊区北部非白人比例较高的城镇通常与都市圈有一定程度的社会经济融合，如德里（Delhi）大学城、科贝尔斯基尔（Cobleskill）大学城和奥尼昂塔大学城。

## 87　　不同的经历，不同的期望

　　住房是人们表达身份的主要方式之一。毫无疑问，可供选择的住房将建构人们对"正常"（normal）与"非正常"的感知，即一个"好"的社区是什么样子，一个不那么理想的社区又是什么样子。由于不同地点不同时间建造的住房有所差异，由此可以看出不同的文化期望，包括人们选择在哪里居住以及不同社区的总体风貌。例如，随着卡茨基尔地区在美国独立战争后不久的发展，甚至更早期哈德逊河谷（16世纪中期）的快速发展，整个地区的乡镇都存留着"二战"前的住宅区。事实上，160个乡镇中只有22个没有战前住房。这些乡镇有着明显的乡村特征，乡镇中心只有几栋房屋，其规模还不足以被视为一个"社区"（见附录A）。在2000年，这些乡镇平均人口只有1 707人，其中一些乡镇的人口增长主要发生在"二战"后，因为当时人们选择在乡村建造度假屋，以度过退休后的生活。因此，在该地区生活的112.07万人中，只有3.75万人生活在一个没有战前住房的社区中，对于该地区的其余居民来说，战前建造的住房只是环境的一部分。无论是居住在城市还是乡村，老房子更容易进入人们的视线。

　　"二战"后修建的社区大不相同。实际上，自第二次世界大战以来，每个社区都出现了新的住宅，但要思考的是这些社区中住宅的组织方式。战后的住宅社区充分说明：①"二战"过后住宅数量的增长仍在继续；② 人们在以符合文化共识的风貌进行邻里建设；③ 开发商对这类社区的投资意愿较强。图4.4表明了战后社区所在的乡镇的情况，不难发现，卡茨基尔地区东南部存在战后住房，这并不稀奇，因为这是郊区发展压力最大的区域。在卡茨基尔地区的北部，居住模式变得更加复杂，这反映出部分社区与全球经济的融合。例如，哈德逊河谷最北部地区的一些乡镇围绕纽约高速公路沙格蒂（Saugerties）出口建设。类似地，从东北到西南的一条牢固的乡镇带，构成了88号州际公路走廊。在诺维奇及其制造业经济圈附近，以医疗保健为中心的库珀斯敦，以及德里-科特里特地区（既有一所大学，也有一所青年拘留设施），均发现了战后住宅群。在其他乡镇，第二次世界大战以来建造的许多房屋多为个人建造，反映了一种截然不同的定居方式。

图4.5显示"大块宗地住宅区"（large lot residential, LLR）分布在广泛的乡镇之中。大块宗地住宅区指在超过两英亩的地块上建造基本住宅（而不是豪宅），而且规模通常为10到20英亩。如图所示，在整个卡茨基尔地区都能发现大块宗地住宅区。当然，在高度城市化的地区（市中心地区）或完全乡村的地区会存在一定的例外。这种发展往往是以个体为单位进行的，因为大的土地所有者，尤其是面临经济困难的农民，会把土地卖给在乡村寻找大规模用地的家庭。有时，在靠近城市和旅游区的地方，这种开发采取细划的方式。许多社区都制定了相应的规章制度，例如限定最小土地面积，以鼓励这种发展模式，保持一个地区的"乡村特色"。与更密集的聚落模式相比，大块宗地住宅区确实显得更开放，也保护了植被景观。换句话说，这种形式的开发能提供类似郊区的生活方式（居民通常不耕种或从土地中获取资源），同时让居民生活环境具有乡村美感。

大块宗地住宅区开发的兴起也表明，引导住宅开发的文化价值观出现了一定的混乱。战后住宅区的存在说明，在某种程度上，人们对理想的居住社区的

89

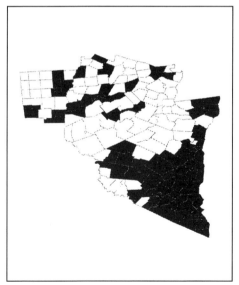

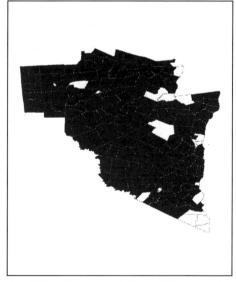

注：阴影区域为"二战"后住宅建设区域　　注：阴影部分显示存在大块宗地住宅区的区域

图4.4　卡茨基尔地区的战后房屋分布（2009年）　图4.5　卡茨基尔地区的大块宗地住宅区分布
（2009年）

面貌达成了文化共识。而大块宗地住宅区却代表了另一种愿景，这种愿景导致了发展的混乱。在城市化程度更高的地区，战后住宅区风格的发展可以部分解释为市场经济的结果，高昂的土地价格促使开发商购买土地，开发能够产生最大化投资回报的大量性住房。由此产生的任何公共空间，比如公园，都是为了增加房产价值而设计。但其也体现了共同的文化价值观，住宅与街道的关系、住宅间距，以及住宅风格的相对统一，都是为了迎合买家的品位而设计的。这就是为什么战后的社区往往出现在都市区边缘之外。当人们从很远的地方旅行到新近的"细划"开发项目时，会发现项目的特征发生了明显的变化。这些新兴地区的"乡村"特征往往是一个卖点，因此其所在位置往往偏离主要公路。例如，沿芒特维尔（Mountainville）纽约32号公路行驶，我们会看到大部分路段都树木繁茂，其面貌看起来很像乡村。然而，在岔开主干道的山坡上排列着许多新的开发区。其目的是在主干路上保持一种"乡村"美学，尽管这些很难反映乡村现实。

　　距离城市中心更远的地方，战后开发和大块宗地住宅区混合开发往往占据主导地位，因为它们对特定特征的人口具有吸引力。在卡茨基尔地区的北部县域，特别是奥齐戈和斯科哈里，战后开发项目位于88号州际公路走廊附近。这两个地区的开发项目都位于如奥尼昂塔、西德尼（Sidney）和科贝尔斯基尔等较大的中心以及如奥齐戈和班布里奇（Bainbridge）等较小的社区。这说明至少有一些人希望生活在传统的城市环境中，尽管大多数这样的开发项目没有人行道，而且往往与大型社区的街道系统分割开来。然而，在这些地区之外，盛行大块宗地住宅区。例如在库珀斯敦，战后的住房主要分布在乡镇边缘的两个开发项目中，且都可以追溯到20世纪60年代。自20世纪70年代以来，大多数开发项目都设在村庄外围。在邻近的哈特维克乡，自1980年以来人口增长了23%，也就是新增居民407人。在20世纪90年代，这里只有一个小型开发项目是按照传统设计标准建造的，只能容纳少量的新增人口，其他增长人口的住房坐落于乡村大片土地上。该乡临近库珀斯敦的旅游景点，这意味着更多的住宅是作为休闲住宅存在的。这一现象导致了该村出现了空置住房，尽管住房建造成本高达50万至80万美元不等。沿着乡间小路行驶，可以看到新房子和可移动房屋混杂在一起，分布不均匀，中间点缀着小片的树林、凌乱的草地和曾经的农田。这种房屋和其他建筑物过于分散，不能被视为是"发达的"，但这个地区也不是"乡村"，因为大多数农民的田地都没有耕种，即使是树木繁茂的地区，也有房屋从树冠缝隙中探出来。越来越多像哈特维克这种地方的居民甚至不愿意住在村中心。由于缺乏像乡村商业和公园这样的基础设施，住在乡村的动机已经不像以前那么强烈了。相比之下，那些更可能拥有战后住房和健康住区的社区，如库珀斯顿和奥尼昂塔就拥有这样的基础设施。由此可见，传统发展模式的社区与大型开发社区之间存在竞争。

　　靠近大都市区，大块宗地住宅区则主要是富人的领域。例如，靠近金斯顿的伍德斯托克（Woodstock）——因以该社区命名的音乐节而闻名（见第5章）。该地最小的地块面积为3英亩，禁止使用可移动房屋。虽面对比北方更大的发展压力，但伍德斯托克按照上文提到的原则进行开发，保持了乡村风格：村里的购物中心通常挤满了游客，他们购买各种各样的东西，从禅宗的佛像到热爱自然的服装，再到艺术品。村子周围是绵延数英里的公路道路，两旁树木郁郁葱葱，但频繁出现的邮筒暴露了这个地区的真实情况：该地区大部分的住房是作为来此度假和为退休做准备的纽约有钱人的第二居住空间。尽管住房数量增加了，但该乡的人口实际上减少了。建筑周围以林地为主要特征，偶尔会有几片草地，形成了典型的郊区住宅。乡村美学是美丽的，但并不现实。阿尔斯特、沙利文和奥兰治的部分地区也呈现出类似的景观，这可能预示着整个地区的未来。

　　这就是大块宗地住宅区开发的矛盾所在。其开发以个人欲望为主要驱动力，像给水、污水处理这样的基础设施，以及像游乐场和游泳池这样的娱乐设施，都从公共领域转移至私人土地所有者那里。现在，甚至5英亩的土地就能承载徒步旅行和露营的功能。就个人而言，这种发展模式的吸引力显而易见：私人游泳池不对不受欢迎的邻居开放；一个设计良好的化粪池系统将持续提供多年的优质服务且无需纳税（只要在其需要更换之前搬走就行）。但这种发展模式相较于传统的"小地块"开发模式，使得乡村遭受更严重的城市化蔓延。伍德斯托克的3英亩地块上的一栋新房子，占地相当于传统的在0.25英亩地块上12栋房子的占地面积。这也意味着小块土地的居民必须支付更高的税来支撑住在大块土地上的居民，因为支付道路维护费用（在大雪覆盖的东北地区，这是一项重大开支）的人更少了。此外，虽然业主认为这种发展模式能保护自然，但野生动物却不以为然。与传统的开发模式相比，大块宗地住宅区开发蚕食了野生动物栖息地，在自然环境中开发建造出一个个的人工"岛屿"。尽管这种开发环境很好，但是在接近自然的同时，我们也在掠夺自然。像鹿、熊和狼这样的动物已经变得更习惯于人类的存在，因为这些动物与人类的接触越来越多。人们通常认为动物是罪魁祸首，事实上，人类入侵动物栖息地的大规模开发模式才是罪魁祸首。

虽然在"偏远地区"（通常指南部地区）的乡村社区发现了很多大型土地开发项目，而且这些地区往往很富裕，但北部县的乡村收入水平却更高。在我们关注"单个"可移动房屋——在乡村地区建造的可移动独立房屋时，这一点是显而易见的。图4.6显示了此类可移动住房主要分布的城镇。

乍一看，可移动独立住宅的存在相当普遍，但仔细观察后，它们主要出现在距离哈德逊河谷和纽约郊区较远的乡镇（尽管在该地区也有）。从这方面看，这形成了一个重要的乡村现象，可移动房屋在地理上分布广泛，遍布115个乡镇，但该地区只有大约三分之一的居民（约37.85万人）生活在以可移动独立住宅为特征的城镇中。

当研究以移动家庭集群（通常被称为"拖车公园"）为特征的城镇时，另一种趋势尤为明显。移动家庭集群虽分布在整个地区，但更偏好靠近大型社区（而非

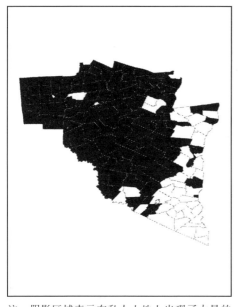 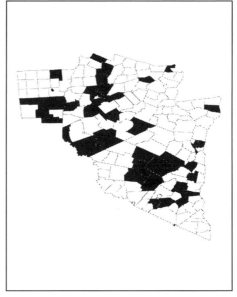

注：阴影区域表示在私人土地上出现了大量的　注：阴影区域代表出现大量移动住宅集群
可移动房屋

图4.6　卡茨基尔地区的单户移动住宅分布　　图4.7　卡茨基尔地区的移动住宅集群分布

其内部），这本质上与城市中的低收入邻里单元具有相同的功能。例如，在库珀斯敦村没有发现可移动房屋，不过在邻近的哈特维克乡发现了好几个。同样，奥尼昂塔也没有，但奥尼昂塔市郊区和邻近的劳伦乡（Laurens）有可移动房屋。

## 经济和文化

93

　　一个社区的经济发展与当地居民对自身和社区的看法紧密相关，这又进而影响着当地文化。然而，地方文化并不总是能准确反映当地经济，而是反映居民如何看待所处的社区。在这个意义层面上，也体现出主流城市文化对当地居民的影响。在卡茨基尔，当地出版物和旅游手册宣传的一个核心思想是，该地区位于农业中心地带。然而，现实中卡茨基尔的农业是复杂的，一张简单的地图并不能真实地描绘这幅图景。图 4.8 表明，其农业景观主要分布在核心区的周围，那里往往绿树成荫。在东南部，不断扩展的郊区造成了哈德逊河流域的很大部分只剩下斑点状的农业景观。然而，这张地图具有误导性，因为即使是该地区遗留下来的众多农业景观，其特征与其说是农田和奶牛牧场，不如说是马场。不同的是，农田和牧场是农业生产者的劳动场所，而马场在某种程度上是为了迎合郊区经济的场所。一些马场由富有的土地拥有者所有，他们为了拥有马和不一样的郊区生活方式而特意买下了这些土地。在另一些情况下，马场是一个生产性农场，它将部分或全部经营转化为马舍，为养马匹的郊区居民提供服务。与大块宗地住宅区开发一样，这种类型的农场有助于保持乡村形象，但它实际上是都市经济的一个分支。

　　大多数农业景观分布在该地区的北部，但即使在北部，其农业的地位也存疑。该地区经历的一系列经济冲击可追溯到 19 世纪末，每一次冲击都削弱了农业经济（Thomas, 2003）。到 20 世纪中叶，该地区严重依赖乳品业，但自 1980 年以来，奶牛农场的数量，特别是小型家庭经营的奶牛农场的数量一直在下降。在许多地区，大部分农民的应对之策是将农业土地作为大型住宅区的开发土地出售，与此同时，有些人则转向有机农业和农业旅游等，并取得了不同程度的成功。在库珀斯敦附近的旅游区，越来越多的农场变成了马场，这是卡茨基尔核心区南部马匹寄宿费用增加所导致的。

　　如图4.9所示，制造业和其他"重工业"在整个区域广泛存在，尤其分布在大型村庄内。这是一个值得留意的现象，因为该地区的文化并未真正承认制造业是当地传统经济的一部分，尽管大多数居民生活在一个制造业曾经存在过的社区。

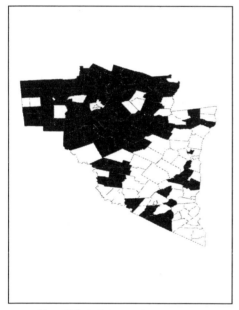 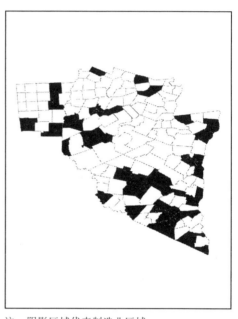

注：阴影区域代表着大量生产粮食的农场　　　　注：阴影区域代表制造业区域

图4.8　卡茨基尔地区的农业分布　　　　　图4.9　卡茨基尔地区的制造业分布

95　　　　旅游业是当今区域经济的主要组成部分之一。自19世纪中期以来，随着越来越多的城市居民来卡茨基尔度假，旅游业已经成为当地经济的一部分。如今，一些著名的景点已闻名全国。例如，小说家詹姆斯·费尼莫尔·库珀（James Fenimore Cooper）于1851年去世后不久，他的粉丝们开始前往库珀斯敦朝圣，在他的墓地野餐，从而开启了该村长达150年的旅游传统（详见第5章）。里奇菲尔德斯普林斯（Richfield Springs）和沙仑斯普林斯（Sharon Springs）的萨尔弗斯斯普林斯（Sulpher Springs）也吸引着游客前往当地的大型酒店。同样，高大的山峰也吸引了游客到玛格丽特维尔（Margaretville）、坦纳斯维尔（Tannersville）和腓尼基（Phoenicia）等地。到了20世纪，滑雪的普及推动了大型滑雪场的发展，如亨特山（Hunter Mountain）、温德姆滑雪场（Ski Windham）和贝利埃尔山（Belleayre Mountain）。"二战"后，来自欧洲的犹太难民开始在沙利凡县的山区度假，其原因正如一名妇女所说："它们让我想起了巴伐利亚。"到20世纪60年代，蒙蒂塞洛（Monticello）和利伯蒂（Liberty）周边地区的人气非常高，以至于喜剧演员巴迪·哈克特（Buddy Hackett）在一次关于滑雪的例行表演中，把卡茨基尔山戏称为"小犹太山"。今天，该地区还一直以独特的自然魅力和诸如远足与农贸市场等"乡村"景观吸引着游客到访。如图4.10所示，卡茨基尔最大的旅游"带"从哈德逊河向西北方向延伸至宾夕法尼亚边境，距离纽约大约两小时车程，第二旅游区沿着上萨斯奎汉纳山谷从奥尼昂塔延伸到库珀斯敦。

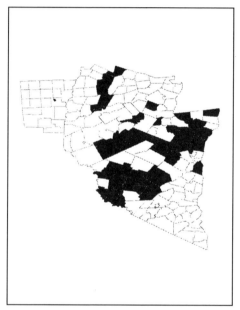

注：阴影区域代表具有专门旅游基础设施的城镇　注：阴影区域代表至少有一家便利店的城镇

图4.10　卡茨基尔地区的旅游业分布　　　　图4.11　卡茨基尔地区的便利店分布

## 结构化互动

仅仅通过布置某些类型的商业设施，零售业的布局便可以影响当地的文化以及对主流城市文化的体验。某些类型的企业，如小餐馆和小便利店，加速了社区中的社会互动。与邮局、学校和教堂等场所类似，便利店或餐馆的作用通常是引发人们相互接触，促进交流，同时在互动中碰撞出当地文化。相比之下，其他零售店，如大卖场或购物中心，对营业水平的依赖度过高，以至于其中的社交互动通常很少，或者互动过于肤浅，顾客无法产生强烈的社区认同感。此外，这些商店面向的顾客来自五湖四海，因此它们必须弱化对社区标识的过度强调，以避免冒犯来自其他社区的购物群体。

97　　　　如图4.11所示，大多数乡镇至少有一家便利店，这一点很重要，因为它们通常是社交活动的发生地。事实上，在一些区域内的众多小型社区中，便利店是居民唯一可以找到的零售终端，通常销售最为基本的食品、日用品、烟草产品和燃料。值得注意的是，有36个城镇甚至没有便利店。和其他零售店一样，便利店也是当地社区和主流城市文化之间的一个接口，通过销售主流文化的商品，成为非本地思想和产品的发布渠道。卡茨基尔社区居住了6.38万人，这里的文化是，人们必须开车到另一个城镇才能接触主流城市文化产品。大多数情况下，这样的社区没有学校、银行、图书馆，甚至没有邮局，它们的公民生活仅限于教堂和地方政府职能部门（如消防部门）。在诸多相似区域，乡镇中心通常由战前建成的紧凑的房屋和可移动房屋组合而成，后者分散在相邻的大片土地上；或者由一条道路或者十字路口处较为密集的战前房屋形成乡镇中心。这构成城乡连续统的"乡村"末端。

从图4.12可以看出，超市的分布不及便利店广泛。其中124个乡镇中有便利店，而只有44个乡镇有超市。虽然这两种业态通常都归连锁企业所有，但超市中的商品种类更多——通常是食品和其他基本商品的主要来源，意味着运营成本更高。虽然超市曾在许多乡镇中出现，但现在已经越来越多地集中在大型村庄和乡镇，尤其是乡中心之外的区域。这就意味着卡茨基尔地区41.834 1万人必须开车去超市，尽管其中只有三分之一的人口更倾向于居住在乡村地区。因此，所在社区超市的可达性是城乡统一体中的另一个结构化因素，村民需要开车到另一个城镇去购物，"城市人"则不需要。此外，由于超市面对的是来自其他乡镇的购物者，所以与特定社区的相关性往往被礼貌的企业口号或在某些情况下被对社区"多样性"的尊重所压制；一家商店可能因为两所学校所处学区的居民会经常光顾而展示两个学校的颜色。

2005年一项关于卡茨基尔地区超市价格的研究发现，最大、最繁荣的市场商品价格最低（Thomas等，2005）。这意味着较小社区内的居民，即那些贫困率较高、受教育程度较低的社区居民，在食品和基本商品上要支付更高的费用。事实

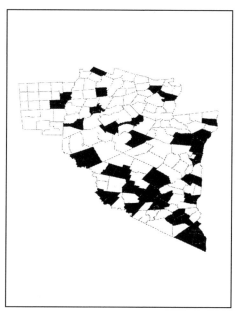 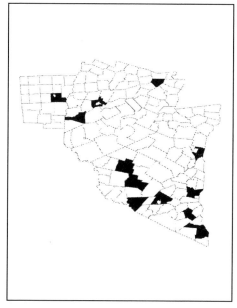

注：阴影区域代表至少有一家超市的城镇

图4.12 卡茨基尔地区的超市分布

注：阴影区域代表至少有一个大卖场的城镇

图4.13 卡茨基尔地区的大卖场分布

上，在模拟购物清单上，五家最贵商店的平均账单比五家最便宜的商店高出20%，但后者所在的社区拥有较高的收入中位数和房价。1990—2000年，拥有五家最昂贵商店的社区人口平均减少了4.4%；同期，拥有最便宜商店的社区的平均（正）增长率为3.2%（Thomas等，2005）。

对于那些不常用的商品，许多人选择在大型折扣店购买，也就是所谓的大卖场（"big box" stores）。在卡茨基尔地区，大卖场的模式与超市类似，但更为集中。该地区只有15个城镇开设了大卖场，而沃尔玛是大卖场中的领头羊。例如，位于北部的切南戈县、特拉华县、奥齐戈的四个大卖场中，其中三个都是沃尔玛，分别位于诺维奇、奥尼昂塔和科贝尔斯基尔。在剩下的市场（西德尼），唯一的大卖场是凯马特（Kmart），而最近的塔吉特公司在金斯顿以及尤蒂卡或宾厄姆顿（Binghamton）的郊区。这使得沃尔玛在卡茨基尔地区的大部分区域拥有功能性垄断地位，因为它通常是唯一一家销售消费电子产品、体育用品甚至服装的零售商。相比之下，洛克兰、奥兰治和阿尔斯特县的郊区市场是更典型的都市经济，共有27.61万人居住在一个拥有大卖场的社区。在这一点上，该地区的乡村居民与许多郊区居民有一些相似之处：许多罗克兰德郊区和奥兰治县的居民也必须开车去大卖场采购。

　　如果大卖场集中在少数几个地方，那么更为集中的开发可称为多零售集群（MRC）现象。MRC开发的特点是特定地区的竞争性购物场所，通常被称为"商圈"。在该地区的9个"大型商圈"中，有7个位于罗克兰、奥兰治、沙利文和阿尔斯特县——这些县都与纽约紧密相连。再往北走便是另外两个"大型商圈"，一个位于诺维奇，另一个在奥尼昂塔，这也是卡茨基尔核心区北部最大的两个城市。这两个城市里的唯一的大卖场都是沃尔玛，不过也有其他商店。奥尼昂塔有两家规模较大的零售集群，包括一家小型购物中心和连锁商店，是BJ批发俱乐部（BJ's Wholesale Club）、杰西番尼百货商店（JC Penney's）和博得书店（Border's Books）等全国性品牌的聚集地。奥尼昂塔是卡茨基尔北部的主要"零售"中心，但该市人口相对于周边的大城市来说较少。正如一个居民所讽刺的那样，这意味着奥尼昂塔通常拥有"某些你最喜欢的商店的缩小版"。尽管如此，即使这个购物中心规模很小，但如果人们想离开奥尼昂塔去其他的连锁商店，通常需要前往下一个都市区。例如，继奥尼昂塔之后下一个最近的杰西番尼百货商店位于新哈特福德，下一个最近的罗威（Lowe）位于赫基默尔，二者都在尤蒂卡大都市区；下一个最近的博得书店位于奥尔巴尼；最近的家得宝（Home Depot）位于宾厄姆顿。

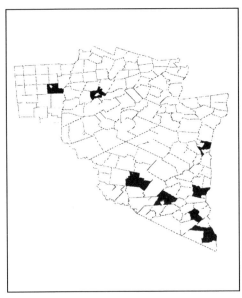

注：阴影区域表示具有多类型零售集群的城镇

图4.14　多个零售集群

　　与大卖场一样，只有21.38万人住在拥有"大型商圈"的小镇上，而且他们中的大多数人住在纽约大都市区（New York metropolitan area）的各县。这意味着其他90多万名居民必须开车前往这里购物，其中包括切南戈县和奥齐戈县的大部分人，以及特拉华州、格林县和斯科哈里县的全部人口。对这些人口来说，要获得主流文化的商品，就必须拥有一辆汽车并进行一次有计划的出行。

## 零售文化

100

　　购物地点的选择与人们对当地社区的依恋程度有关（Thomas等，2002）。例如，哈特维克的居民如果对社区有高度的归属感，就更有可能在自己的社区购买食品杂货；那些社区依恋度相对较低的人更有可能去奥尼昂塔的某家杂货店，即使要多走8到10英里。杂货店是社区居民最有可能在家附近购物的一种选择。为改善生活水平，许多居民会选择前往奥尼昂塔，也有人驾车一小时至尤蒂卡或宾厄姆顿，开车出行意愿最强的居民是那些社区依恋程度较低的人。在电子产品消费和服装消费方面也出现了类似的趋势。换句话说，人们购物的地方确实会影响人们对社区的认同感和自豪感。

　　无论是在郊区还是在离纽约较远的乡村的零售领域的发展模式均值得关注。 101 郊区崛起了名为"边缘城市"的多个零售集群和办公园区，自20世纪70年代以来一直是一个主流话题（Garreau，1992）。此类开发项目往往在文化上与特定社区脱节，因为它们的定位是为整个地区提供服务。在卡茨基尔，当人们离开纽约郊区时，乡村对他们来说等同于"孤立的地带"。独立商业地带指的是一种零售集群，通常位于乡村或相对缺少商业的郊区。与边缘城市相似，它们远离村庄中心，因此与特定的社区没有关联，而是通常同时服务多个社区。下面用两个例子来说明它们是如何运作的。

　　在奥兰治县郊区，在进入通往纽约的高速公路之前，南线高速公路的最后一个出口通往门罗（Monroe）和中央谷（Central Valley）地区。实际上，两个村庄都离立交桥有一段距离，而出口也被一个沃尔玛超市、毗邻的购物中心和一个名为伍德伯里·考默恩兹（Woodbury Commons）的奥特莱斯所包围。这家奥特莱斯的名称就说明了其建筑群位于伍德伯里镇，但除此之外，这一商业区不属于任何特定地域。它既独立于周围的村庄，又与所有的村庄都有联系。事实上，这个郊区的魅力源于乡村的品质和乡村美学，独立的购物商圈是维系这种乡村美学的关键组成部分。换句话说，镇中心的购物区的运营基于田园理想，但是购买食品和基本生活用品的必要需求仍然要由附近的大卖场来满足。

在库珀斯敦以南两英里的哈特维克乡，也出现了一个独立的购物商圈，尽管奥齐戈县的人口远少于奥兰治县郊区的人口。该商圈拥有两个购物中心和为迎合库珀斯敦旅游经济需求而建的酒店。该地具有奇特的特征，它位于哈特维克乡，但又属于库珀斯敦。一家名为 Pand C 的超市位于库珀斯敦以南3英里，米尔福德以北6英里的地方，出售印有两地标志的泰迪熊。与伍德伯里的商圈类似，哈特维克商圈也为周边社区提供服务，这是库珀斯敦市中心的许多商业设施越来越多地以旅游业为导向的结果。

如食品杂货和干货此类非"刚需"的零售经济，正日益在较大的城镇和大都市区集中。这种经济变化确实影响了当地的文化，因为居民越来越想要那些只在大型购物中心出售的商品和品牌（比如iPod和Abercrombie服饰）。尽管许多当地居民表达了继续在该地区生活的愿望，但很多年轻人因乡村生活的局限越来越沮丧。例如，托马斯（Thomas, 2005）在一项对吉尔伯（Gilboa）高中生的研究中发现，五分之一的高中生希望将来居住在吉尔伯地区，但有43%的人希望搬到大中型都市区。

**比较城市**

卡茨基尔是一个多元化的地区，从纽约市郊区延伸到北部的阿巴拉契亚。当地文化由这种空间多样性建构，但当地居民也会对城市主流文化有期待。换句话说，乡村居民经常寻求与他们的城市伙伴拥有相同的体验，例如饮食体验等。然而，在这些城市机构的体验，如连锁餐厅，因面向消费者的人群不同所以安排也大有不同。村民可能认为在某家连锁餐厅的一顿饭很"特别"或很优雅，而城市居民则认为它只是众多的基本选择之一。虽然乡村居民可能要花好几个小时去餐馆，但这更像是在"大城市"体验生活的一部分：花 天的时间购物，或者参观博物馆，最后享用美食。由于交通方便，城市居民随时都可以去餐馆吃饭。奥尔巴尼和波士顿的三家连锁企业就能很好地说明这一点。

华馆（P. F. Chang's）是一家遍布美国及海外各大城市的连锁中餐厅（P. F. Chang, 2010）。它以东南亚的雕塑和色彩而闻名，在东北的主要大都市区店铺数量尤为多。然而，在卡茨基尔地区却找不到。因此，你必须到纽约或奥尔巴尼才能体验它的服务。在奥尔巴尼，华馆位于城市外两英里的柯罗尼中心购物中心（Colonie Center Mall），且在这个超过 110 万名居民的综合统计区（CSA）内仅此一家。因此，这家餐厅服务整个地区，而不仅仅是奥尔巴尼周边区域。相比之下，它在波士顿地区（一个超过 600 万名居民的综合统计区）设有 6 家分店。然而，这 6 家餐厅的分布并不均匀，其中有 2 家位于波士顿市中心（在保诚中心和公园广场，相距不到一英里），1 家在河对岸的剑桥，而剩下的 3 家则位于郊区。

　　另一个对比案例是芝乐坊餐厅（The Cheesecake Factory），这是一家以份量大，奶酪蛋糕香滑可口而闻名的高档连锁餐厅（The Cheesecake Factory, 2010），在奥尔巴尼地区，其开在离华馆不太远的克罗尼（Co-Lonie）购物中心。距离卡茨基尔最近的一家店面位于罗克兰县郊区的西尼亚克。因此，对该地区的大多数居民来说，去芝乐坊餐厅是一次特定的出行并需要驾驶很长一段路。相比之下，芝乐坊餐厅在波士顿地区设有 7 家，其中 2 家位于市中心——保诚中心和剑桥商业中心（Cambridgeside Galleria），这两个地点都临近华馆。

　　第三家连锁餐厅恰如其分地说明了乡村和城市生活方式之间的差异，因为它是一个日常使用频率较高的场所——美味面包屋（Au Bon Pain, 2010）。这家连锁餐厅被设计成出售高档咖啡、三明治和沙拉的"快餐点"，每天都能看到人们在咖啡馆风格的座位区放松，还有部分消费者匆匆到访，迅速将食物打包带回办公室。这一商业理念在步行环境中特别有用，因此我们往往发现这家店面会聚集在对行人友好的城市。奥尔巴尼没有美味面包屋，但波士顿有 36 家，其中 26 家位于市中心和剑桥。在波士顿的洛根国际机场甚至有 4 家分店。毫不夸张地说，美味面包屋在波士顿市中心随处可见。103

　　城乡之间的审美差异非常明显。前往波士顿的游客将沿着 90 号州际公路，进入以 52 层的标志性建筑闻名的保诚中心下方的隧道——其出口通往科普利广场（Copley Place）。出了隧道，凝视斯图亚特街的峡谷时，可以看到两旁的高楼大厦鳞次栉比，行人挤满了人行道，机动车在街道上来来往往，这里没有行车道的标志，因为它们看起来是多余的。这个用权力和金钱构筑出的风景，便是一个美国大城市的中心。在两英里内，几乎有几十家美味面包屋餐厅，以及数不清的唐恩都乐（Dunkin'Donuts）、星巴克（Starbucks）和其他的连锁店。对于来自乡村的游客来说，选择的丰富性被重复性所削弱——无处不在的全国性连锁店看上去有些单调。假设前往奥尔巴尼等大城市的乡村游客已经习惯了像芝乐坊这样的餐馆，而且常在那里就餐，但对于在波士顿和其他数不清的大城市，这些仅仅是众多选择之一，它们代表着人们对于"文明"的最低期望。这种经历，在不同的社区中无数次重复上演，让我们了解到城乡地方文化之间的巨大差异。建成环境（社会环境）所营造的体验差异影响着人们对环境及其地方文化的认知。在城市化程度最高的地区，人们会期待到处以星巴克、唐恩都乐和美味面包屋餐厅为代表的城市景观，任何低于该标准的东西都属于"偏僻的地方"，是"不文明"的标志。然而，在大多数的乡村地区，驱车10英里到带有加油站的便利店买一夸脱牛奶（约1.1升）却只是日常生活中再平常不过的举动。来自不同环境的人看待世界的方式不同并不令人意外。

# 第5章　空间和拟像

如第3章所述，我们可以根据城市主流文化将乡村划分为三种主题：野性的乡村、质朴的乡村、隐居的乡村。这些文化主题影响着乡村"营销"自己的方式，因为它们倾向透过主流文化的观点来看待自己。因此，乡镇，尤其是那些在旅游业和经济发展上寻求城市投资的乡镇，往往执着于表现出乡村拟像的特征。事实上，乡村拟像类似于内城区的形象，如低强度开发、小商店、林荫道，以及"逃离"现代城市和郊区生活的压力等。小城镇因其人口规模小，从未进行过大规模开发而更善于"营销"这种形象。正因如此，具有的历史性的小城镇尤为受到城市投资者的青睐。

## 两个南部"乡镇"

跨越瓦卡莫河（Waccamaw）和大皮迪河（Great Pee Dee），从东边可进入南卡罗来纳（South Carolina）的乔治敦镇（Georgetown）（Edgar, 1998）。这座有8 500名居民的小镇位于塞姆皮德河（Sampit River）的汇流处，街道绿树成荫，还被列入世界历史遗迹名录。集中于前街的小镇中心，是美国小镇的典型形象。四个街区内，颜色各异的三两层建筑通过举办丰富的商业活动来吸引本地人和游客，其中包括餐馆、服装精品店，甚至还有一座高耸于街道之上的钟楼。这座"小镇"以历史古城的名义向游客和潜在的投资者营销自己。当地政府声称，小镇是北美最古老的欧洲殖民地（西班牙殖民地，解放于1526年），当地居民以身处南卡罗来纳州的第三古城而自豪。1792年，该城市的创始人伊莱沙·斯克里文（Elisha Screven）组织做了城市规划（Edgar, 1998）。对于许多试图从城市吸引投资的小镇而言，当地的历史是一个重要卖点，原因如下：一是无论是城市还是乡村的人们都倾向于把过去视为"质朴"的时代，这一主题与"质朴的乡村"拟像高度契合；二是大多数的乡镇人口基数较少，相较大城市而言缺乏新的投资。换句话说，像乔治敦一样的小镇，不会像更大的城市一样陷入"拆除—重建"之循环（Ringholz & Muscolino, 1992），因此这些乡镇通常会具有一定的"历史性"特征。从某种意义上说，乡镇保留了生活的吸引力是由于投资的缺位（Thomas, 2003年）。

在美国乡镇中，乔治敦的历史具有一定的典型性。这座城市的发展得益于它在温约湾（Winyah Bay）的地理位置。温约湾是大西洋的一个海湾，为港口提供了很好的庇护。乔治敦是南卡罗来纳州仅次于查尔斯顿的第二大海港，但与纽约、长滩和诺福克（Norfolk）等大型港口城市相比却相形见绌。它的工业发展更偏向"乡村"，主要包括农业和木材业。这座城市早期的繁荣建立在位于其腹地的大型水稻种植园上，如同它们依靠灌溉和非洲裔美国奴隶的劳动一样。在20世纪，这座城市的工业转向了木材和造纸工业，最近旅游业也开始崭露头角，成为当地的经济特色之一。复杂的经济因素意味着乔治敦的历史充满了不幸，而这一不幸却在旅游文学中鲜有表露。这座城市重建的进程艰难，因为这座奴隶制堡垒很容易成为美国北方人占领的目标，而且在大萧条期间一家木材公司的倒闭对它的打击也十分巨大（Edgar，1998）。如今，当地的许多种植园已经被改建为独立的地产开发项目。和许多美国小城镇一样，乔治敦的老城区自1990年以来已经减少了近千名居民，但外围地区的人口却有所增长（USBC，2010）。与纽约的卡茨基尔山脉相似，外围地区的大部分增长都源于城市人口向该地区的扩张。

乔治敦往北大约35英里便是默特尔比奇（Myrtle Beach）。拥有3万人口的默特尔比奇是一个大都市区的中心，2009年大都市区的人口规模达到26.4万人，每年能吸引超过1000万人次的游客（City of Myrtle Beach，2010；USBC，2010）。寻求度假体验的城市居民推动了旅游业乃至人口增长，同时许多人选择在退休后搬到该区。默特尔比奇还拥有养老基础设施，包括200多个高尔夫球场和配套的新住宅，使居民在享受休闲活动的同时免受城市问题的影响。这里的高速公路系统揭示了大都市区的发展历史（Stokes，2007）。这座城市有一条名为"海洋大道"（Ocean Boulevard）的主街，建有面向海滩的豪华酒店，而另一边则是质量参差不齐的老旧商业建筑。西边的部分街区被称作"17号商业"（Business 17），还有国王公路（Kings Highway），这是一条四车道的林荫道，有战后酒店和餐馆，均方便驱车前往。再往西是"17号公路"（Bypass 17），这里是商业开发的新焦点，也是"比奇百老汇"（Broadway at the Beach）和"海岸大购物中心"（Coastal Grand Mall）等主要景点所在地。继续往西是31号公路（Route 31），最后是73号州际公路（Interstate 73）。几十年来，新建的道路和小镇本身就像在上演一场精致的舞蹈表演：城市发展与交通建设需要修建一条新的环城公路，这条公路又会吸引新的购物中心、高尔夫球场和住房，从而使交通变得繁忙，其最终的结果便是城市蔓延。

每年都有超过 1 000 万人次的游客来到这个总人口不足 30 万人，中心区只有 3 万人的大都市区域，因而郊区体现出城市的主要特征就显得不足为奇。在前空军基地的一小片区域内，这里的城市中心竟然看起来与该地区的大城市（如查尔斯顿）和北部中心城市（如纽约）非常相似。这一模式被称为"共同市场"（Market Common），其以一种名为"新城市主义"的城市规划原则为基础。共同市场的核心在其自身——一个以典型的美国城市中心区风格建造的专属购物区（Market Common Myrtle Beach, 2010）。四层建筑的上层是共管公寓，而像奥维斯（Orvis）、哈罗博利（Anthropologie）和香蕉共和国（Banana Republic）这样的大型连锁商店则坐落在布局规整的街道两旁。在这个人工雕琢的市中心里，主要十字路口的尽头都设有一家大型巴诺书店（Barnes & Noble bookstore），这也是行人关注的焦点所在。围绕这一地区建造的联排别墅和查尔斯顿、巴尔的摩老城的住宅风格类似，其中一些住宅面向街道，其业主可以利用这一优势经营小店或出租以赚取额外的收入。这种设计在主要街道上形成了一个个小型社区商店的集中，人们则住在房屋的上层，类似于历史上大大小小的城市社区。

共同市场作为一个新的开发类型，显然不是一个真正的历史街区，而是一个城市历史街区的拟像。相对如今高楼林立的现代城市，市中心的低层建筑展示了它悠久的历史。相对宽敞的联排别墅和多户住宅（condominiums）与现代城市中密集的公寓相去甚远，因此其人口密度远低于真正的城市社区。然而共同市场的排他性最为关键，住宅价格昂贵，联排别墅起价超过 30 万美元，甚至更贵。对于大多数人来说，城镇中心的购物场所的商品过于昂贵，远远超出他们满足生活基本需求的消费能力，其市场营销手段是将"皮格利-威格利"（Piggly-Widdly）当作"高档超市"。其结果是创造了一个城市社区的最佳特质，这里没有城市病，也没有那些影响城市形象的穷人。这个拟像与乔治敦的实际历史形成了有趣的对比。

乔治敦的城市人口自 1990 年以来已经减少了上千人，与人口快速发展的默特尔比奇形成了鲜明的对比，地区间的商店也对比明显。乔治敦以本地的小型企 108

业为主，共同市场的主要购物区则是全国性的连锁商店。正因为如此，共同市场的店面比乔治敦的要大，也更倾向奢侈品购物，虽然这更多的是一种旅游活动，但它也服务于当地的富人。乔治敦有以游客为导向的专卖店，也有以日常生活为导向的商业设施，如银行和发廊。在这里，人们常常向本地人租用空间。共同市场为总部位于芝加哥的麦卡弗里公司（McCaffery Interests）所有，位于弗吉尼亚州阿灵顿的麦卡弗里也拥有类似的开发项目（McCaffery Interests, 2010）。虽然这是一个城市内部拟像，共同市场模拟了乔治敦的真实面貌。它的成功表明，主流城市文化与其说重视小城镇的历史，不如说看重这些城镇所代表的形象。因此，一个小镇（和镇中心社区）的成功取决于它的基础设施是否符合当地文化的期望，而与它是否符合当地的真实历史无关。乔治敦的人口下降表明，对于大多数人来说模拟世界比真实世界更具吸引力。社区必须通过符合市中心或小城镇的拟像来迎合城市品位，这并不限于南部地区，卡茨基尔也能找到类似的案例。

## 回到卡茨基尔

　　纽约的腹地使我们得以考察在当地200多年的历史中发展起来的真正的社区。如第3章所述，这段历史包括了这个地方逐渐显现的传统与社区特性：社区在某个时间点的"快照"。传统和特性有着内在的紧密联系，在社区中建立的文化传统影响着其物质空间结构，后者会影响社区向外来投资者、游客，以及潜在的新居民进行"自我营销"的能力（Molotch 等，2000）。事实上，"保留乡村特性"这个词已经融入许多乡镇的综合规划文件中，尽管其含义仍比较模糊。乡村特性指农田还是森林环境？人们住在农场里，还是住在树林里的小木屋内，抑或住在植被茂密的维多利亚式历史小镇里？人们在选择新住所时通常会考虑"特性"，但正是根植于当地价值观的规划决策传统决定了特性的发展路径。这些传统还指导着社区应对经济或环境压力，以及应对新的挑战。

　　在纽约市北部区域，我们选取了16个乡镇的中心商业区作为研究样本。这些商业区内有着一批企业，而在东北部一带，许多小城镇只有邮局、便利店等小机构，甚至有些还没有。该地区整体经济的健康程度可以通过空置店面与已占用店面的比例来衡量。比例为1∶1则表明，每占用一个店面就会有另一家被空置，在这种地方，人们不太会认为经济环境是具有吸引力或健康的。尽管如此，由于我们有意寻找整体经济相对更健康的乡镇，因此表5.1所示的比率会比实际值低。

表5.1　2000年纽约市北部16个乡镇的社区（小城镇）商业区、店面及人口数量

| 社　　区 | 店面数量 | 空置店面与已占用店面的比率 | 人口数量（2000年） |
|---|---|---|---|
| 奥尼昂塔 | 204 | 0.01 | 13 292 |
| 新帕尔茨（New Paltz） | 59 | 0.02 | 6 034 |
| 德里 | 53 | 0.02 | 2 583 |
| 库珀斯敦 | 98 | 0.03 | 2 032 |
| 格林 | 38 | 0.08 | 1 701 |
| 伍德斯托克 | 87 | 0.09 | 2 187 |
| 诺威奇 | 65 | 0.11 | 7 355 |
| 斯科哈里 | 25 | 0.12 | 1 030 |
| 门罗 | 53 | 0.13 | 7 780 |
| 利特尔福尔斯（Little Falls） | 52 | 0.15 | 5 188 |
| 班布里奇 | 22 | 0.18 | 1 365 |
| 玛格丽特维尔 | 39 | 0.21 | 643 |
| 米德尔堡（Middleburgh） | 34 | 0.24 | 1 398 |
| 科贝尔斯基尔 | 34 | 0.26 | 4 533 |
| 汉考克（Hancock） | 34 | 0.32 | 1 189 |
| 坦纳斯维尔 | 34 | 0.38 | 448 |

16个社区中有6个社区内的空置店面与已占用店面的比率低于1∶10。在这些社区，每10个被占用的商店中，只有不到1个被空置。事实上，这些社区中有4个（奥尼昂塔、新帕尔茨、德里和库珀斯敦）的店面空置率不到或等于0.03。然而，对于我们调查的那些乡镇，反映城市心中的乡村拟像虽对其经济的健康发展有所帮助，但不一定能保证这些乡镇是人们心中想象的样子。在

"排名前六"的社区中，只有库珀斯敦和伍德斯托克向游客展示了典型小镇的形象。

库珀斯敦坐落在奥齐戈湖的下游，这里也是苏斯克哈纳河的发源地。它的首席发展官威廉·库珀（William Cooper）是小说家詹姆斯·费尼莫尔·库珀的父亲，他在1810年曾夸赞库珀斯敦，将其与附近的尤蒂卡和布法罗遗址相媲美。这表明他购买此地的目的不是建设一个古色古香的小镇，而是希望将其打造成一个大城市（Cooper, 1936 [1810]）。第二次世界大战后不久，库珀斯敦的人口便达到顶峰（不到3 000人），而如今只有大约2 000人生活在这里。村庄的进出交通都得益于一条"绿化带"干线，这条绿带由库珀斯敦的上流家族经营，其中大部分由生产辛格缝纫机（Singer Sewing）的克拉克家族（Clark family）所拥有。因此，不同于被别墅群占据的纽约上湖区，库珀斯敦所在的奥齐戈湖东岸附近道路两侧树木繁茂，一直延伸到湖区墓地，高档的海岸社区连接镇中心。在西海岸，迎接我们的是修剪整齐的乡村俱乐部草坪和纽约州历史协会博物馆（New York State Historical Association），以及沿湖排列的历史建筑和宏伟的奥泰萨加酒店（Otesaga Hotel）。只有沿着纽约28号公路从16英里外的88号州际公路接近这座小城镇时，道路景观才被一连串的企业，包括银行、餐厅、两个商店和一家汽车修理店所打破。而这条游客必经之路使得当地居民深受其扰。经过超市和加油站后，28号公路（现在是栗子街）两侧为枫树和维多利亚时代的住宅。

在村中心，栗子街（Chestnut Street）只有一个红绿灯，尽管有些人认为为了安全，应该在先锋街（Pioneer Street）也装上一个红绿灯。然而，只有"一个路灯的小镇"是当地传统的一部分，因此会有更多的本地人宁愿冒着在先锋街发生事故的危险，也不愿让库珀斯敦成为"两个路灯的小镇"。例如，在21世纪初，由于学校交通堵塞，纽约州交通部（New York State Department of Transportation）建议在栗子街和胡桃树街（Walnut Stress）的拐角处设置一个交通灯。当时，一些本地居民抗议认为，该村应继续维持"一个路灯的小镇"的状态。

中心商业区的建筑以两到三层为主，沿主街和先锋街布置。主要的购物区位于主街，横跨三个半街区的商业活动中心悬挂着垂直于商店的小标志，窗户上方挂着统一的标识，这是严格执行标志法规的产物。就这样，一系列风格相似但又有所不同的店面共同营造了"美国完美乡村"的氛围。

　　主街的一端矗立着展示棒球历史和传奇故事的棒球名人堂，两个街区之外就是大萧条时期在伊莱休菲尼（Elihu Phinney）球场基础上用铸铁框架和木质露天看台搭建起的达伯岱球场（Doubleday Field）。根据"达伯岱创造神话"的说法，1839 年达伯岱（Abner Doubleday）在这个场地举办了他发明的第一场棒球比赛（Springwood, 1996）。达伯岱球场是棒球起源的象征易于理解，这与过去英国圆场棒球（Rounders）比赛的缓慢演变形成了鲜明对比。同样，棒球名人堂也是"美国消遣"传统之一——棒球的圣地。这样一来，库珀斯敦就成了棒球界的奥林匹斯山。

　　然而，库珀斯敦的旅游业并非源于棒球，而是源于詹姆斯·费尼莫尔·库珀的著作。其作品《皮袜子故事集》（*Leatherstocking Tales*）里的大多灵感来自这个地区。但他最著名的作品《最后的莫希干人》（*The Last of The Mohicans*）却发生在乔治湖地区，这一地区如今也是库珀斯敦的竞争对手之一。

　　1851 年库珀去世后，游客们陆续来到这个村庄，对他作品中描述的地区进行　111

图5.1　南卡罗来纳州乔治敦：乔治敦是一个靠近南卡罗来纳州海岸的真正意义的小镇。沿着主要街道延伸开来的小镇中心以及同人文理念的契合让它看起来像一座美丽的城镇。（亚历山大·托马斯　摄）

图5.2　南卡罗来纳州默特尔比奇共同市场：共同市场是一个新的"城市"开发项目，主要特点是高档购物区和住宅。虽然是基于一个理想城市社区的文化理念，但实施方式却与乡村拟像相似。（亚历山大·托马斯　摄）

图5.3　纽约伍德斯托克：以卡茨基尔山为背景，这个村庄以古色古香的小镇绿化、艺术画廊和小商店为特色，从美学上概括了一个小镇的"风貌"。尽管这个社区距离曼哈顿有100英里，但它在2003年被重新划分为纽约综合统计区的一部分。（亚历山大·托马斯　摄）

图5.4　纽约库珀斯敦：詹姆斯·费尼莫尔·库珀的家乡和棒球名人堂的所在地。在这个田园小镇里，大部分零售商业中心都被赋予了其在棒球起源神话中的角色特征。（亚历山大·托马斯　摄）

探索。按照当时的习俗，游客们会集中在格雷斯圣公会教堂（Grace Episcopal Church）的院子里，在他的坟墓边吃午餐。当地旅游业就这么开始了。库珀斯敦联合附近几个有含硫温泉的村庄（里奇菲尔德泉村和沙龙泉村）一起，在旅游旺季（夏季）招揽游客。当时有许多富有的城市居民为了躲避炎热，经常到该地避暑。棒球起源委员会，又称米尔斯委员会（Mills commission），于1908年将库珀斯顿定为"棒球的诞生地"。但直到20世纪30年代，也就是经济大萧条和"旅游季"逐渐衰退的时候，库伯斯顿才开始尝试利用这个引人好奇的称号。1939年，在工程建设局的资助下，达伯岱球场的看台建成；棒球名人堂也于1939年在小镇图书馆的二楼开放（现在用作艺术展览）。在库珀斯敦，旅游业并非是针对地方经济复兴的临时性手段，而是当地自150年以来的传统的一部分。

　　另一个旅游小镇伍德斯托克（Heppner, 2008）也以一种近似典型小镇的方式向人们展示乡村拟像。这个村庄坐落在哈德逊河以西，卡茨基尔山脉的山麓丘陵之中，早在19世纪20年代哈德逊河学派的艺术家们就发现了这两处的壮丽景色。19世纪50年代，伍德斯托克接待了许多画家，但直到1902年"伯德克利夫艺术聚落"的开放，伍德斯托克作为一个艺术社区的命运才得以确定。伯德克利夫致力于"工艺美术"运动。其他学校和节庆活动也纷纷效仿，直到今天伍德斯托克仍是一个重要的艺术中心（Heppner, 2008）。在过去的100年里，这个小镇住着许多名人，而且小镇中心拥有与其规模极为不匹配的且数量惊人的商铺。绿树成荫的街道上大多为两层楼的建筑，其中有艺术画廊和小商店，有许多建筑在后期被改造过。这让小镇产生了一种舒适的"居住""感，与库珀斯敦的商业特性形成鲜明的对比。

　　与库珀斯敦市中心专门规划的街道形成对比的是，伍德斯托克呈现出有机的街道格局。伍德斯托克的街道相当狭窄，主街从镇中心的一个小型公园中延伸出来。一条穿过小镇的溪流在狭窄的人行道边潺潺流淌，发出大自然的声音。就像在库珀斯敦一样，游客到这里时会看到一些小商店，它们的建筑上都挂着雅致的标牌。作为一个艺术社区，这里展示的是受教育阶层独特的品位，从某些商店的名称就可见端倪。例如，维达卡夫卡（Vida Kafka）扮演的文学人物弗兰茨·卡夫卡（Franz Kafka），和廷巴克图（Timbuktu）的神话城市——二者都被用于命名小镇里的专卖店。类似的名字包括"鹰头狮"（White Gryphon）"护身符"（Talisman）以及一家名为"乒乓"（Ping Pong）专营东方哲学的专卖店。许多商店名称都具有哲学意味，比如达摩器具（Dharmaware），苏非（Sufi）中心和盖亚（Gaia）画廊。在某些情况下，桦树（Brich Tree）和比尔斯维尔图形（Bearsville Graphics）这样的店名会唤起对山川的形象和声音的联想（比尔斯维尔也是当地一个小村庄的名字）。当然，也有很多商店以这个村庄的名字命名，比如伍德斯托克设计（Woodstock Design）和伍德斯托克蓝调（Woodstock Blues），因为这个名字本身就有一定的影响力。

　　与库珀斯敦一样，伍德斯托克招待游客的传统可以追溯到一百多年前。正是这种传统和对其名称的认可，一群投资者在1996年以这个小镇的名字命名了一个音乐节。伍德斯托克音乐艺术节借用了这个小镇的名字，并以此为基础营销艺术社区，但伍德斯托克本身从未举办过音乐节。最初人们计划在50英里外米德尔顿附近的郊区小镇沃尔基尔举办音乐节，随后又搬到距离伍德斯托克45英里的贝塞尔村。当这场为期三天的音乐会最终于1969年8月17日结束时，参加这场音乐盛会的人数达到了50万。伍德斯托克也机缘巧合地和摇滚史上的重大事件之一永久地联系在了一起。

　　这两个小镇在塑造景观方面的成就唤起了人们对乡村拟像（一种文化变量）的记忆，这种记忆最终根植于各自独特的政治经济条件之中。尽管它们的性质各

112

不相同，但这两个小镇都与纽约市的有关机构联系紧密。库珀斯敦公司与总部设在纽约的各种机构有合作关系，克拉克基金会（Clark Foundation）和斯克里文基金会（Scriven Foundation）也都与辛格缝纫机公司有关联，它们承担了许多保护景观和库珀斯敦内部机构的责任，其中最著名的便是棒球名人堂、纽约州历史协会和巴塞特医疗中心（Bassett Healthcare）。巴塞特医疗中心是不断扩张的巴塞特医疗保健网络（Bassett Health Care Network）的旗舰营，隶属于哥伦比亚大学（Columbia University），吸引了许多来自东海岸大城市的医生。此外，博物馆工作人员和来自当地大学的科学家，也使得小型社区建立起难得拥有的人才库，从而形成了一个能够取得资本青睐，并具有人才吸引力的社区。

　　同样，伍德斯托克与纽约的金融和文化中心联系密切。然而，对伍德斯托克来说，这在很大程度上与艺术场景有关，因为艺术家可以方便地往返于城市和乡村。伍德斯托克一直是并将继续成为文化名人的目的地，鲍勃·迪伦、吉米·亨德里克斯、约翰·巴勒斯、伊桑·霍克和布拉德·皮特都对其心向往之。因此，伍德斯托克的资源整合比库珀斯敦更分散，制度基础也更为薄弱，因为人才和资金会通过多个入口而不是有限的机构转移到伍德斯托克。伍德斯托克获得资本的机会更分散还有另外一个原因：从技术上讲，伍德斯托克是大都市区的一部分。包含伍德斯托克的乌尔斯特县被人口普查局列为纽约联合统计区的一部分。换句话说，伍德斯托克应该被理解为远郊区甚至纽约的郊区，至少是金斯顿的郊区。这影响了伍德斯托克的构成——与大多数"乡村"城镇相比，其人口相当富足，因而当地的文化和社区的物质空间结构也随之受到影响。相比之下，库伯斯顿在奥齐戈县的区位更为偏远，距离尤蒂卡郊区25英里，距离奥尔巴尼也有45英里。虽然该地区在种族或民族方面相对单一，但在社会阶层方面却迥异，贫富差距尤为明显。

　　在这两个小镇，田园诗般的乡村环境并非自发形成，也不是自然而然随市场发展的结果，而是深厚的旅游历史和精英教育相互作用的结果。这两个小镇的旅游经济都有一百多年的历史，可以追溯到19世纪中期。就伍德斯托克而言，科洛尼艺术学院的传统造就了一系列的文化企业家，他们在强调自然环境的同时，力求保持该镇山川的自然魅力，以吸引游客。这包含了对修旧如旧的实践，即使在小地块的建设也试图保持社区"树木繁茂"的特点。其结果是，在与金斯顿和阿肖肯水库

113

(Ashokan Reservoir) 周围的郊区联合发展时，即使因修建住房砍伐了越来越多的树木，这里依旧保留了"森林的"感觉。这个地区虽然看起来像村庄，但当你驱车数英里后，会注意到树林中穿插着大量的房屋和其他建筑物，因为伍德斯托克的景观本身就是森林拟像。

库珀斯敦精英家庭的出现，尤其是克拉克家族的出现，使得自然和人工景观得到了有效的保护，在其他人口不足两千的社区里往往找不到这样的机构。如前文所述，巴塞特医疗保健网络是该地区的主要雇主，它之所以能够发展，很大程度上是因为精英的引导。与此类似的是，克拉克体育中心和纽约州历史协会博物馆大体上也是克拉克家族成员为满足社区需求的结果，棒球名人堂亦是如此。与伍德斯托克一样，尽管关注的焦点大不相同，这种巧妙的引导效果体现在景观之中。伍德斯托克对自然的保护重点是山区景观，这样的努力是为了扩大发展范围。虽然从美学角度来看这种行为总体上有所成就，但它也将发展规模扩展到了小镇周围一个非常大的区域。在库珀斯敦，历史上的保护工作主要集中在奥齐戈湖及其周边环境上，因此，这里出现了一条绿化带将奥齐戈湖包围在农田和森林中，而湖的东岸基本上还没有开发。然而在这个区域以外，地方政府有时对发展持有不同观点。很多当地居民一直对政府的监管持怀疑态度，他们经常提到库珀斯敦对标识、设计标准和历史保护的严格规定，并表明对此不认可。我们经常听到一些当地居民说，可移动住房是一种对低收入群体来说比较适宜的选择。因此，远离库珀斯敦和沿湖发展战略使得他们的选择更为自由，但这又会对景观产生显而易见的影响。正如一名游客所讽刺的那样："库珀斯敦，一平方英里的天堂，周围环绕着20英里的拖车。"因此，伍德斯托克像是一个人口富足的远郊地区，而库珀斯敦的乡村地区则是一种更为复杂的发展模式，但这两个社区都受扩张问题的影响。在两个案例中，乡村拟像中乡村社区的文化价值与周边环境风貌不相协调。

表5.2　2009年库珀斯敦和2010年伍德斯托克中心商业区的构成

| 业 务 类 型 | 库珀斯敦 | 伍德斯托克 |
|---|---|---|
| 综合业务 | 5%（4.6%） | 14%（16.1%） |
| 通用燃料业务 | 0 | 1%（1.1%） |
| 非棒球领域 | 21%（21.4%） | 33%（37.9%） |

续　表

| 业 务 类 型 | 库珀斯敦 | 伍德斯托克 |
|---|---|---|
| 棒球领域 | 26%（26.5%） | 0 |
| 东方哲学领域 | 0 | 6%（6.9%） |
| 餐饮服务 | 17 %（17.3%） | 9%（9.5%） |
| 本地服务 | 19%（19.4%） | 6%（6.3%） |
| 艺术与古玩画廊 | 3%（3.1%） | 16%（16.8%） |
| 酒吧 / 酒馆 | 3%（3.1%） | 0 |
| 市政 | 2%（2.0%） | 2%（2.1%） |
| 娱乐 | 2%（2.0%） | 0 |
| 总计 | 98%（100%） | 87 %（100%） |

　　然而，在这两个关于乡村拟像的典型案例中，什么类型的企业与其他机构会出现在中央商业区？它们和其他城镇相比又如何呢？

　　从表5.2中可以看出，两个镇的零售区域都比较活跃，反映了镇区功能业态的专业化。2009年，库珀斯敦有近一半（47.9%）的店面被零售商店占据，其中大部分与棒球旅游有关。此外，17.3%的店面用于餐饮服务。在小镇中心，包括棒球名人堂、蜡像馆（被归类为"娱乐"）以及3家画廊在内的近70%的店面（虽然不一定完全）都面向游客。同样，伍德斯托克镇中心区内有71.1%的店面致力于发展旅游经济。旅游市场不同的专业分工在这里表现得淋漓尽致，仅商业区就有16家画廊，其余的画廊散布在小镇各处；专卖店占店面总数的近45%，其中6家以东方宗教或哲学思想为主要经营方向，其他店铺则在名称或装饰上做文章，以契合这类市场的要求。在这两个社区中，那些明显不以旅游经济为导向的企业，如伍德斯托克的服装店，或库珀斯敦市中心的药店，都享受着旅游经济带来的红利。这两个社区中，部分记录的空缺是由于现有的店面正在改造，因此它们从整体上呈现出一种经济和文化的活力。它们的活力源于对社区外人口的吸引力，让社区之外的人有意愿前往这里消费。也正因如此，为吸引大部分的城市游客，不仅是法律法规，当地文化都以反映乡村拟像的设计标准为导向。自19世纪中期以来，这些文化观念已成为当地传统的一部分。

115

表5.3 2005年奥尼昂塔和2010年新帕尔茨、德里的中央商务区构成

| 业务类型 | 奥尼昂塔 | 新帕尔茨 | 德里 |
|---|---|---|---|
| 综合业务 | 15%（7.4%） | 3%（5.1%） | 11%（20.4%） |
| 通用燃料业务 | 3%（1.5%） | 0 | 3%（5.6%） |
| 非棒球领域 | 35%（17.2%） | 16%（27.1%） | 4%（7.5%） |
| 餐饮服务 | 19%（9.3%） | 21%（35.6%） | 8%（15.1%） |
| 本地服务 | 78%（38.2%） | 11%（18.6%） | 16%（30.2%） |
| 艺术画廊 | 6%（2.9%） | 1%（1.7%） | 4%（7.4%） |
| 酒吧/酒馆 | 14%（6.9%） | 3%（5.1%） | 1%（1.9%） |
| 成人专区 | 6%（2.9%） | 2%（3.3%） | 0 |
| 市政 | 20%（9.8%） | 2%（3.3%） | 6%（11.1%） |
| 娱乐 | 3%（1.2%） | 0 | 0 |
| 汽车/配件经销商 | 1%（0.4%） | 0 | 0 |
| 私人机构 | 4%（1.6%） | 0 | 0 |
| 总计 | 204%（100%） | 59%（100%） | 53%（100%） |

　　相比之下，最健康的商业区出现在三个大学城内，分别是奥尼昂塔、新帕尔茨和德里，其商业区空置率都很低，尽管自2005年数据发布以来，奥尼昂塔失去了一些商家。在这三个例子中，新帕尔茨最能体现小城镇生活的拟像，但每个案例都有些重要方面弱化了人们心中理想小城镇的形象。如表5.3所示，每个大学城内商业区的构成成分有助于说明这一点。

　　乍一看，奥尼昂塔和其他城镇有着显著区别：奥尼昂塔拥有的企业数量（204家）是第二大小镇（库珀斯敦，98家）的两倍多。奥尼昂塔中心区内有78家企业从事房地产、保险和金融服务等本地服务行业，其服务业范围远超卡茨基尔。事实上，即便与诺维奇和利特尔福尔斯等类似规模的社区（不包含大学生）相比，奥尼昂塔在镇中心的商业活动仍然更多。尽管有人说纽约州立大学奥尼昂塔分校（SUNY Oneonte）和哈特维克学院（Hartwick College）这两所地区大学对奥尼昂塔的影响很大，但仍不排除其他因素的影响。

　　学生数量的确对奥尼昂塔产生了显著影响：2005年小镇中心有14家酒吧，一家脱衣舞俱乐部、几家纹身店和烟草销售店（面向成人的企业）。此外，还有19家餐饮服务机构为客人提供各色美食，其品种可与大都市门罗和新帕尔茨大学城相媲美。总体而言，娱乐行业占中心商业的20%左右。正如托马斯和史密斯（Thomas & Smith, 2007：74）所指出的那样，"奥尼昂塔市中心规模庞大的娱乐行业的崛起（尽管不完全）与奥尼昂塔学生数量的崛起直接相关，也因此创造了一个富裕的利基市场"。这一利基市场也有助于营造健康的专业零售环境。然而，该地区充满活力的年轻人市场与大学息息相关的说法并未考虑这样一个事实，即小镇中心近40%的商业是地方服务业。

　　奥尼昂塔的发展还得益于它的地理位置：它距离最近的大都市区仅50英里。因此，奥尼昂塔在整个北卡茨基尔山区发挥着核心的作用。换句话说，它的经济体量不仅限于一个"小城镇"，而是一个被称为"小城镇圈"的城镇中心。奥尼昂塔不仅是向卡茨基尔北部地区提供房地产、法律和医疗保健等基本服务的集中供给点，同时也是沃尔玛、劳氏和彭尼百货等连锁商店的聚集地。作为卡茨基尔区内的一座山城，奥尼昂塔具有符合乡村拟像的美学特征，但作为一个微型城镇圈中心，奥尼昂塔在许多方面都不尽如人意。虽然它的主街总体上是健康的，但有时街道生活会有一种更"城市化"的感觉，尤其是在大学开学且夜生活活跃的时候。主街以南是一个尚未开发完全的城市更新区。与全国许多类似的城镇地区一样，视觉吸引力的缺乏和街道活力的缺失给该区域带来了一种衰败的感觉。研究表明：在大城市，人们可能会原谅这样的缺点（Ganse, 1962）。但这种特征难以给人留下"美丽小镇"的印象。从某种意义上说，奥尼昂塔太过"热闹"，将自己标榜为"美国小镇"难以令人信服，同时它的体量也不足以让人产生大城市的兴奋感。然而对许多在那里生活和旅游的人来说，这就是它的魅力。

　　相比之下，德里和新帕尔茨的外观和氛围都像美国小镇——充满活力的中心里有着各种各样的企业。新帕尔茨与波基普西（Poughkeepsie）隔着哈德逊河，与伍德斯托克一样，它也是纽约综合统计区的一部分。新帕尔茨内设有一所学院——纽约州立大学新帕尔茨分校（SUNY New Paltz），其规模和纽约州立大学奥尼昂塔分校规模相差无几，学术声誉也差不多。学院位于主街以南，对小镇中心的组成和氛围有着巨大的影响。2010年，超过三分之一的餐饮服务机构占据了小镇中心区，其中有一半是外国品牌。根据原始数据，新帕尔茨有21

家餐厅，还有一家异国风味餐厅，而奥尼昂塔只有19家。具体来说，新帕尔茨
**117** 有泰国菜，但奥尼昂塔没有。在2010年，新帕尔茨的商店主要是吸引年轻人的
专卖店，而当地服务只占不到20%的中心区店面。事实上，新帕尔茨与"美国
小镇"（smalltown USA）的乡村拟像的唯一差距在于它过于时髦。在新帕尔
茨的主干道上行走时，人们无法想象出巴尼福夫（Barney Fife）或格里纳斯
（Greenacres）的形象。商店太时髦，人也太时尚，难以让人相信这是理想的小
镇。从当地文化视角出发，新帕尔茨有点太过城市化，不太符合乡村的拟像，这
一点与奥尼昂塔相似。

德里是特拉华政府所在地，也是纽约州立大学德里分校（SUNY Delhi）的
所在地。纽约州立大学德里分校曾是一所两年制的农业技术学院。与新帕尔茨的
"酷"形成鲜明对比的是，德里是一个真正的社区，其中心的一端是政府办公室，
另一端是学院。德里距离奥尼昂塔20多英里，主要为不愿意驱车前往奥尼昂塔的
人们提供基本商品和服务。这有利于综合商店和地方服务经济的良性发展，而不
是像新帕尔茨与附近的波基普西（Poughkeepsie）、纽堡（Newburgh）和金斯
顿那样，在类似的服务上产生激烈的同质化竞争。在这种模式下，多样化的城镇
中心应运而生。这里能满足人们对日常生活的大部分需求，无论是新墙纸、汽车
零部件，还是快餐。事实上，德里是如此的"真实"，以至于它打破了许多人对心
中乡村拟像的幻想。在这里，标志牌更像一种"大杂烩"，或新或旧，或代表资产
阶级或体现实用主义。在一尘不染的新建筑旁边，可能是需要重新粉刷的旧房子。
在德里镇中心区，人们看到的是"美国小镇"的本质，而不是它的审美特质，一
种与理想的拟像完全不一致的真实。

如表5.4所示，2010年格林村中心的发展也同样稳定健康。但不同的是，格
林村是唯一专注发展工业的村庄。作为雷蒙德公司（Raymond Corporation）
的所在地，这个村庄的中心区域是唯一一个未受政府大量监管的繁华社区。格
林村主要从企业赞助方处获得投资，这让人们想起了由在库珀斯敦的辛格缝纫
机公司财富继承人和在卡纳约翰里的山毛榉坚果公司继承人设立的阿克赫斯特
（Arkell）基金会所扮演的角色。格林村的成功还应该归功于其较小的商业区规
模，因此当地人口足以支持其商业活动，而且附近城镇或郊区没有与其竞争的
对手。

几乎所有的成功故事都有一个共同点，那就是极大程度地依赖于机构将社区

整合到更广泛的城市政治经济中。具体地说，这些机构能有效地吸引资源，例如
财政和文化资本，以造福社会。库珀斯敦和伍德斯托克的部分机构不仅能吸引外
来资本，而且也能吸引游客。例如，伍德斯托克音乐节的讽刺之处在于，许多参
与当地活动的艺术家都与纽约有联系，他们的出现又会吸引更多纽约北部人口。　118
同样，许多影响库珀斯顿的制度决策都由在纽约的董事会做出，包括为库珀斯敦
地区的关键活动提供资金等。当游客（其中不乏来自其他大都市地区的人）前往
这些村镇并加入"乡村"社区时，就会构成一个完整的循环。而这些"乡村"社
区实际上是城市经济的延伸。在这种背景下，我们不难理解为什么这些社区的乡
村拟像会以城市为中心——它们的生存依赖于对城市品位的迎合。

表5.4　2010年格林中心商业区构成

| 业务类型 | 格　　林 |
| --- | --- |
| 综合业务 | 6%（15.8%） |
| 非棒球领域 | 2%（5.3%） |
| 餐饮服务 | 9%（23.7%） |
| 本地服务 | 15%（36.6%） |
| 市民 | 4%（9.8%） |
| 娱乐 | 1%（2.4%） |
| 汽车/工具经销商 | 1%（2.4%） |
| 总计 | 38%（100%） |

　　制度（institutions）分层的有趣之处在于，在某种意义上社区就像"海绵"，
制度性框架从自身的利益出发，吸引和吸收其他地方创造的财富。这些社区实际
上都不是田园理想中所期望的"独立"社区，而且严重依赖为它们带来财富的制
度框架。在库珀斯敦和伍德斯托克这样的旅游小镇，大部分财富是由更大的都市
经济创造的。游客们寻求获得一种似乎"真实"的乡村体验，并将这种体验理解
为与乡村拟像有关的价值观。在奥尼昂塔、新帕尔茨和德里这样的大学城，财富
则多来自学生——几乎所有的学生都来自外地，尤其是大都市地区。尽管与伍德
斯托克和库珀斯敦充裕的成年游客相比，它们的实际人数相对较少，但学生数量

及其形成的利基经济弥补了这一差距。在格林，我们可以感受到去工业化在地方普及之前的小镇生活，尤其是美国乡村。格林的主街（Genesee street）两旁是两到三层的建筑，汽车停放在宽阔的街道中间，营造出绿色小镇的感觉。但与旅游城镇的大型商业设施相比，这里的商业更为基础，更以社区为导向，而且与样本中其他健康社区相比，数量也较少。这有助于让格林保持一个健康小镇的感觉：当只有38家商店时，小镇不需要庞大的零售区来彰显活力。无论如何，大型企业的存在，能使小镇从其他地方吸引资金，从而保持小镇生活的幸福感。的确，这119　证明了去工业化的影响。在样本中，像格林这样的小镇不多，而那些没有如此富裕商业区的小镇或多或少都遭受了某种程度的经济重组。在这种情况下，样本中最健康的城镇主要以服务业（如教育、医疗和旅游）为基础，并经历过显要的精英阶层或政府部门的管控就显得不足为奇了。

　　接下来的两个健康小镇中心区，诺威奇和斯科哈里的店面空置率分别为0.11和0.12。与德里和库珀斯敦一样，这两个社区都是县政府所在地。与德里和库珀斯敦不同的是，这两个小镇都有多个引资点，县政府则是主要的资源整合机构。这样一来，镇中心的零售商业就显得不那么有保障了。此外，斯科哈里的零售商业还面临着周边城镇科贝尔斯基尔的竞争。科贝尔斯基尔的郊区有一条带状商业区，配有大卖场和其他连锁商店。诺威奇的情况与此类似，其南面有一条成规模的带状商业区，给其中心区域带来了激烈的竞争。因此，这两个城镇中心的活力与在该地区工作的人口有关，并与该地区工作的公民结构（如县政府办公楼）、食品服务机构和一些零售业关系密切。

　　下文将探讨另一个健康社区——门罗。门罗证明了一个"小镇"商业区实际需要的人口比我们预期的更多。门罗位于奥兰治县，靠近纽约州高速公路和一座地铁北侧通勤火车站，距纽约市只有45英里。2009年，门罗镇的人口超过8 000人，周边的小镇人口也从1990年的约2.3万人增长到2009年的约4.4万人。人们可能会认为，由于位于郊区，沿着密尔庞德（Mill Pond）有完美的公园的门罗中心区具有一个能唤起人们心中所想的小镇拟像。在2010年门罗的中心零售商业相对较少，仅占店面的12%，而当地服务占了一半以上的店面，食品服务占了另外26%的店面。中心区只有53家店面，这说明了门罗庞大的人口基数和增长率没有扩大中心商业区规模。那么，这个由小镇发展成为城市郊区的地区，"小镇"的氛围相对匮乏该如何解释呢？郊区以其独有的模式发展，但其发展并没有带给门罗的中心地区特定的优势。相比之下，沿着拉马波大道（Ramapo Avenue），借着这一增长势头一系列"小型购物中心"正在蓬勃生长。在南线高速公路（纽约17号公路，不久将成为86号州际公路）和快速路的交叉口附近，一条"孤立的"地带已然出现，正吸引着来自纽约的游客，并服务于包括门罗和伍德伯里在内的周边城镇。尽管这条商业带横跨门罗和伍德伯里镇，但它并不属于任何一个社区，而是服务于整个地区。尽管它没有大量办公机构与工业企业，但这是乔尔·加罗（Joel Garreau）提出的"边缘城市"的一个有力证据。因此门罗的中心区域规模相对较小，而且面临着来自郊区扩张的激烈竞争。该地区没有发展零售业，而是在办公区周围发展服务业，为当地居民提供餐饮等服务。因为靠近纽约，这里食物的种类丰富，不仅包括迎合大众口味的餐馆，还能找到卡真风味的，以及中国、墨西哥、日本和越南的美食。

其余的小城镇也都有在商业区域表现出乡村拟像的潜力，但由于上述种种原因并未实现。每个社区都有拒绝描绘"美国小镇"理念的原因，但相同的是，均未表现出从其他地方引入资本、金融等机构的层次性。与那些以城市为基础，同全球政治经济高度融合的活力社区形成鲜明对比的是，这些社区几乎没有与外界融合的机构。这样的社区通常依靠地方政府、学校系统和邮局作为资源整合的主要来源，也许还有连锁商店或银行。

那些缺乏资源整合能力的不健康社区中心之中，有一个例外是科贝布斯基尔，它是纽约州立大学科贝尔斯基尔分校（SUNY Cobleskill）的所在地，在其一端有一片规模可观的郊区地带。科贝尔斯基尔拥有相当多的连锁企业，包括一系列快餐店、连锁零售店和沃尔玛。每年都有成千上万的学生搬到镇上居住9个月以上，但他们对科贝尔斯基尔的影响与在奥尼昂塔和新帕尔茨发现的不同。科贝尔斯基尔镇中心只有34个正在营业的商铺，2010年商铺的空置比为0.26。与东部郊区式的开发相比，科贝尔斯基尔的商业中心显得黯然失色。而且，这里的大部分收入都流入了带状商业区，还有许多不属于科贝尔斯基尔的连锁商店使得资金大量外流。

上述不健康社区的另一个例外是利特尔福尔斯，其人口规模与不含大学生的奥尼昂塔的人口规模接近，但与奥尼昂塔不同的是，没有在其所在区域发挥中心功能（Thomas & Smith, 2009）。事实上，利特尔福尔斯位于尤蒂卡以东20英里外，距离科贝尔斯基尔仅5英里，它面临着与科贝莱斯基尔和门罗相似的问题：

来自郊区扩张的竞争。然而，在利特尔福尔斯镇，郊区蔓延的主要区域位于赫基默（Herkimer），甚至更靠西。因此，在利特尔福尔斯形成了一个稳定的城镇中心。在过去的50年里，虽曾遭受过一些挫折，但其规模却没有显著下降。利特尔福尔斯的主街因其丰富的历史建筑而颇具吸引力。街道的一侧建筑样式普通，而在另一侧则是具有郊区风格的城市更新区。利特尔福尔斯以其位于莫霍克河上的古董中心而闻名，尽管如此，它仍有一种偏向小城市的工业气息，因此不适合将其称为"美国小镇"。

样本中的其他社区在各自的商业区域都有不同程度的活力，但没有一个能成为美国小城镇的缩影。坦纳斯维尔、玛格丽特维尔和汉考克都有一定规模的旅游业，甚至有一定程度上的绅士化，但是游客的到来并没有像旅游业改变库珀斯敦或伍德斯托克的风貌和氛围一样改变它们。同样，班布里奇和米德尔堡也都是相当健康的社区，其城镇中心地区也颇具吸引力，但它们都没有从社区外部吸引资本的整合机制。

如果"乡村"与"城市"相关，那么它也就与基于城市的政治经济相关。这种政治经济倾向于大规模的企业组织，而不是小规模的经济部署。在连锁店和独立企业争夺主导权的博弈中，城镇中心地区的健康发展是当地商业获得成功的显著标志之一。在对纽约东部小城镇进行的抽样调查中，所有这些社区都学到了一课，即在中心地区培育独立企业，而将连锁企业安置在别处。在样本里的929家店面中，81.2%～87%被本地拥有和经营的企业所占据。大多数情况下，在小镇的商业中心开设的"连锁店"主要包括邮局和银行，可能还有一个加油站。然而，许多大型连锁企业均未在该区域开设店铺。通过研究那些被连锁企业入侵最多或最少的社区，可以发现城镇中心区域的健康发展模式。

拥有本地企业比例最高（100%）的社区是位于卡茨基尔的滑雪小镇坦纳斯维尔。2010年初夏，坦纳斯维尔有许多店面翻新，于是造成了很高的空置率（如前所述），并影响了企业的组成结构。然而，根据我们的观察，在新的旅游季节开始时，坦纳斯维尔似乎不会再有更多的连锁店。同样，伍德斯托克在镇中心也只有两家连锁公司。然而，这两个小镇是不同的：坦纳斯维尔离这些商品和服务有相当远的距离，而在伍德斯托克地区有一个零售商业带，既距离镇区不远，又方便金斯敦郊外的人们访问。人们很容易将城镇中心区内商业的成功归因于旅游业，这并不准确。例如，库珀斯敦是一个非常成功的旅游城市，但其城镇中心只有9%

的企业是连锁企业。然而，连锁企业在郊区发展的能力，无论是独立的，还是作为购物中心的一部分，都是一个更重要的变量。门罗和新帕尔茨是另外两个在中心区拥有大量当地企业的小镇。在两个小镇附近都有郊区风格的带状商业开发项目，其中最引人注目的是门罗。由于该地区的大部分购物行为都是在这类开发项目中发生的，这就为中心区的本地企业创造了条件，使它们能够负担得起运营费用。事实上，大量的"地方特色"企业——尤其是食品服务和特色零售商店——是吸引力的一部分。这一现象表明，在成功培育当地企业的城镇中心地区，连锁企业实际上可能处于不利地位。如今，大多数有急切需求的购物者对连锁商店较为青睐。这些商店试图通过一些精心布置的招牌和艺术品来模仿当地的传统，尽管这些招牌和艺术品可能让人感觉舒适，但它们并没有被视为"真正的传统"。

相比之下，企业连锁店集中度较高的中心地区，其郊区却没有形成大型商业中心。例如，在利特尔福尔斯镇，仅有67%的店面归当地人拥有和经营。这里的人口足以支撑各类商业的发展，但是并没有形成一个能够与小镇中心相竞争的大型商业中心，部分原因是5英里外的赫基默建有一个商业中心。在德里，只有77%的店面是由当地人拥有和经营的，这里也存在类似的情况：企业连锁店位于小镇中心，而郊区商业中心带没有发展起来，即便城市边缘出现了小型购物中心。因此，小镇中心的发展是否健康不应以连锁企业的存在为评价指标，连锁企业的存在应视为在中心商业区之外该地域是否具有竞争发展机遇的指标。尽管如此，与郊区相比，小镇中心似乎对地方性企业更为"友好"，这很可能是因为小镇中心能够提供购物中心无法供给的价格和宜人的便利性。

122

# 第二部分回顾：哈特维克和它的空间

123        全球政治经济变化的影响改变了哈特维克的总体结构。虽然它曾经自给自足，以维持生计为目标，但到了20世纪80年代，情况就发生了变化。哈特维克村的商品、服务和就业都依赖其他的社区，新的社会结构在哈特维克村社区和基础设施的空间布局中表露无遗。

        和其他社区一样，哈特维克中心商业区是社交互动的重要场所，大量的居民，包括远在4英里外的村民，都会聚集在这里活动，如在当地商店购物、在邮局和银行等机构办理事务，以及去教堂做礼拜等。即使是这样一个乡村，尽管生活节奏会比城市慢，这类活动也会有"熙熙攘攘"的氛围。然而，随着哈特维克在区域内地位的下降，乡村生活的基础设施建设也随之退化。正如本节第一部分末尾所说，建筑物得不到及时维修，村庄开始变得萧条。随着企业倒闭，顾客们去了其他地方。那些经营困难但仍在坚持的企业找到了新的店面，与哈特维克乡中心的商店竞争。随着时间的推移，零售经济开始崩溃，而且危机已超出了经济范畴。一些经济性差的机构面临关闭，包括20世纪60年代的地方分会（支部）、20世纪

124 70年代中期的小学和童子军以及20世纪90年代早期的童子军。原本可以用于居民互动的组织网络，现在只剩下教堂和消防队。取而代之的是当地居民与其他社区的互动越来越多，童子军和兄弟会的驻所都位于库珀斯敦，当地的体育运动队现在指的是库珀斯敦红人队，而不是哈特维哈士奇队。随着社会互动大规模的蔓延，社区中心已经转移到了库珀斯敦。哈特维克曾经是自身社区体系的中心，但现在却成了规模更大的库珀斯敦郊外的一部分。

        如今村庄的自然环境反映了其所处的地位。自从911紧急救援系统投入使用以来，主街被重新命名为"县城11号公路"，与此同时主街上许多曾经的建筑物如今也被土堆所替代。几面建筑外墙被用木板封住，原先的一座商业建筑被改建成住宅，窗户变小了，前门被一根烟囱取代。原来的操场不符合大多数郊区家长的要求，因为它只有两个秋千、一个用钢管搭建的旧攀岩装置、三个跷跷板、一个弹跳装置和一个篮球场。虽然有些人行道全面翻新，但仍有不少用沥青铺设。此外，村子里只有一条街有路缘石。简而言之，村庄的物质环境与理想的乡村拟像相去甚远，这使得该村的资产价值降低。因此，与库珀斯敦相比，这里的人更贫穷。社会结构影响着物质空间，物质空间影响着当地的社会结构。

在哈特维克发现的物质空间结构变化在其他方面也很显著。20世纪30年代，富兰克林·德拉诺·罗斯福（Franklin Delano Roosevelt）倡导的"新政"（New Deal）项目为哈特维克腹地的农民带来了电力。20世纪初，在为乡村服务了几十年之后，资本主义显然不愿意向乡村偏远地区的村民和其他居民提供电力，因为潜在的利润无法平衡安装成本。幸运的是，乡村电气化管理局（REA）使乡村再度灯火通明。如今，乡村电器化管理局服务的区域大致包括那些没有有线电视、高速互联网，甚至没有最基本的移动电话服务的地区。即使在村子里，有线电视是可用的，但是仍没有数字电视（DSL）服务或移动电话服务［奇怪的是，美国电话电报公司（AT&T）的客户确实能获得手机服务］。80年前乡村电器管理局让这些地方发生了翻天覆地的变化，而现在哈特维克和无数类似的社区再一次被抛在了技术革命身后，尽管不是被所谓的"排斥"（exclusion）所造成。

# 第三部分  文化

尽管将乡村理解为独立的、具有文化渊源的社区这一想法具有吸引力，而且确实是我们对乡村文化理解的一部分，但事实往往并非如此。在前两部分，我们从不同的角度讨论了乡村与城市基础设施之间的一体化程度。显然，城市一体化程度更高的乡村社区会更为成功。这与有利于城市的区域整体政治经济有关，而且在很大程度上建立在以城市为中心的广泛的全球经济基础之上。然而就文化而言，即使城市观察者忽略了它，我们也应该注意到乡村地区可能具有显著的异质性。例如，卡茨基尔山区的大部分区域以"白人"为主，但是这种说法忽视了真实存在的多样性。这一地区不仅存在明显的阶级差异，而且犹太人和佛教徒的数量也很多，还有复杂种族背景的欧洲来客，以及数量不多但不断增长的墨西哥移民。

住着哈西德派（Hasidic）犹太教徒和佛教徒的社区遍布卡茨基尔山区，对他们来说，与山区相关的意识形态和象征价值是乡村吸引力的重要组成部分。乡村经济所提供的自给自足的相对潜力正转化为强大的象征性诉求。在伍德斯托克也可以发现这一点，其将乡村地区的文化建设视为独立的，因此呈现出一种由当地居民而非传统大城市提供的反大众文化氛围。全球政治经济的文化价值观（大规模且相互依存）与乡村经济的拟像（小规模且自给自足）之间的相互作用并不是美国乡村或城市的真实写照，但它确实会影响本章所讨论的文化动力（dynamics）。我们把这些文化动力归因为四个主要因素，并对每个因素在前文主题分享基础上做进一步阐述。

影响乡村文化社会建构的首要因素是乡村生产，特别是农业生产的潜在意识形态效用。如第2章所讨论，乡村地区是城市社会生存所必需的。因此，我们可能会发现乡村拟像与中心（城市）和边缘社区（国家）中精英的意识形态相关。例如，乡村社区经常强调其"历史"特征，因为这可以解释为何乡村社区缺乏与城市一样的重大投资。通过社区"历史性"语境进行重构，城乡联合和不平衡的社会发展问题得以以积极的方式展现出来。

同样，基于地区的边缘化程度，我们可能会在普通大众中发现大量的文化保守派。乡村社区中文化保守派的存在通常象征着村庄的"质朴"，但正如第6章所讨论的，情况并非总是如此。事实上，这是对城市文化支配权进行的文化反弹（和创新）的结果。在大萧条时期，许多美国的乡镇居民都支持罗斯福政府为偏远的农场供电，并在乡间修建公园。但现如今类似的项目已经不复存在，而那些已经存在的项目，比如乡村电气化管理局，似乎已经过时了。与此同时，许多乡村没有移动电话服务，没有高速互联网，也没有现代生活的种种便利条件（Dabson & Keller, 2008）。过去的资本主义不愿投资乡村的电力供给，如今的网络等基础设施也存在类似的问题。当乡村居民发现一些国家计划里未考虑到他们的生活福利时，他们反对其他社区获得国家投资的益处就不足为奇了（Bageant, 2007; Frank, 2004）。

此外，因为地域内的复杂社会分层，多种意识形态或文化形态就会出现。乡村是完整的社区，因此理应包含具有不同社会地位的多种成员。例如，乡村地区的精英成员往往更认同城市精英，而不是自己社区的同伴。同样，一些居民可能会寻求乡村环境，以便对抗城市社会的主导规范、价值观和某些亚文化。在一些亚文化中，我们可能会发现其对城市支配权的强烈抵制。

# 第6章　乡村再现

　　尽管前文讨论了对乡村文化意义的一般性理解，实际发生的问题远比看上去要复杂得多。我们力图通过对乡村"再现"的分析来探讨这个问题，或者通过多层面性（multifaceted）方式思考、想象与构建乡村意义，或者以文化形式和人工构造物（artifact）来分析意义。具体而言，表现为两个方面：一是我们认为乡村文化创新及乡村地区在重要创新方面发挥的作用被低估了，二是我们希望探讨乡村拟像和支配性城市文化表达乡村的多种路径。媒体是大众文化进行表达的重要渠道，因此在接下来的章节中我们会重点关注这个话题。在展开论述前，我们认为首先应该对更广泛的社会学文献进行梳理，这些文献一直都带有明显的城市偏见，并且未能充分考虑乡村文化。

## 社会学与城市偏见

　　滕尼斯（Toennies, 1963；1971）和齐美尔（Simmel, 1971）等社会学家认为乡村地区是传统的堡垒，而城市地区是创新、创造力和个性的熔炉。从滕尼斯（Toennies, 1971）的著作开始，社会学设想了早期现代社会中存在的基于城乡分割的显著鸿沟。乡村社会被认定成集体的、受传统束缚的、以农业为主的社会，而城市社会则鼓励个人主义、创新及各种经济活动。然而在文化和艺术领域的社会学中，则更多地支持这一论点：某些城市地区成为生产和消费的中心，建立了相应的品位和偏好（例如Bourdieu, 1984），同时相当数量的乡村成为文化和社会创新的孵化器。

　　当然，对全球化有了解的学者都清楚地认识到全球乡村人口正面临着包括圈地运动、资源开采、环境污染和劳动力剥削等诸多挑战。我们是否可以由此推断，全世界乡村人口的命运都掌握在城市知识分子手中？

　　许多学者逐渐将全球化看作是城市—资本主义的大融合，它们在碾压着旧农业秩序的残余。当然，在第2章中我们提到城市系统在过去和未来都离不开农业秩序。这些旧农业秩序的残余以对抗的形式在地方、区域或国家出现。这种观点隐含的假设是：当代的变化轨迹是线性的、不可逆的和不可避免的。事实上，这与现代化理论家们的思维方式是一致的，他们认为现代价值观和思想会战胜传统（即乡村）落后的社会。然而，他们没有注意到的是，正如依赖性理论家后来指出的那样（Frank，1978；Amin，1976）：全球北方地区的经济增长依赖南方地区的经济停滞。同时，这些现代化理论家也没有意识到欠发达国家在农业实践等方面的文化知识具有一定的特殊性。与此同时，当代研究全球城市的学者也没有注意到城市系统依赖乡村获取食物、纤维和水等基本生活物品。没有乡村地区和人口的持续存在，就不可能有全球性的城市。全球化既包括城市进程，也包含乡村进程。只关注全球城市而忽视支撑它们的乡村，就如同只分析男性而忽视女性来研究性别不平等。

　　这种城市偏见忽视低估了乡村社区在抵制或指导社会变革过程中所发挥的重要作用。乡村居民不再是世界新自由主义变革的被动接受者，而是逐渐成为公民社会的积极领导者。事实上，许多历史性的时刻都包含着乡村的重要贡献。我们认为，隐藏于社会学领域之下的城市偏见，很大程度上说明了更广泛的城市文化支配权已然渗透到西方社会之中。尽管我们不奢望能迅速改变这一现状，但我们希望至少能让人们注意到：即使在这个以城市化和全球化为代表的时代，乡村人和其他世界各地的人一样都在文化和功能上发挥着重要作用。

129

　　在更广泛的社会学知识体系中，并非没有人试图说明乡村的重要性。比较知名的是沃尔夫教授（Wolf，1999）对农民和社会革命的经典分析。沃尔夫指出，因条件欠缺，尤其是农民未能起到关键作用，导致1905年发生的一场革命的早期尝试的失败。后来俄国革命成功的关键在于，人们对乡村土地改革方案日益不满，最终引发社会动荡和叛乱。后来，以沃尔夫为首的一系列作品被统称为"农民研究"，但它从未在主流社会学思想中占据核心地位。与乡村社会学领域一样，农民研究领域也已沦为一个与社会学思想没有明确联系的子领域。

　　另一个类似的子领域是环境社会学。虽然它最近颇受主流关注，但仍然没有达到邓拉普和卡顿（Dunlap & Catton，1994）所希望的那样，成为改变主流的思想方式。事实上，乡村社会学和环境社会学之间存在较多的重叠，这在巴特尔（Buttel，1996）和邓拉普（Dunlap，2002）曾经的著作中尤为突出。有两篇重要的环境社会学文献由乡村社会学领域的专家撰写，他们是迈克尔·贝尔（Michael Bell，2009）和汉弗莱（Humphrey，2002）等。汉弗莱和他的同事们在书的开篇重点强调了奇科·门德斯（Chico Mendes）的故事，这并非偶然。

门德斯是一位乡村偶像、英雄，也是对抗城市剥削浪潮的领导者。在20世纪80年代，为了应对1 200亿美元的美国债务，巴西政府进行了一系列的结构调整，包括开放热带雨林进行经济开发等举措，其中就有高密度的私营牧场开发。门德斯是一个巴西农民，他靠从树上提取天然橡胶和从亚马逊雨林中收集坚果来赚取微薄的收入。政府对乡村的开发意愿直接威胁到他的生活。因此，门德斯开始抗议牧场主们"刀耕火种"的做法，随后又组织了一个强大的工会，赢得国际认可。这些努力给国家政府和意图通过畜牧业开发热带雨林而获益的跨国公司造成极大的麻烦。虽然畜牧业继续繁荣，但是门德斯的暗杀案巩固了他的标志性地位，并为保护巴西自然资源和土著人民传递出强有力的信息。

130

如果考虑到关于乡村对社会变化和发展的重要性的研究现状，我们将会看到这类文献发展的文化映射。人们普遍接受城市支配权和城市化，但也会有一种虽小但源源不断的声音在抗议，并呼吁人们注意到在革命和现代化的历史背景下，以及在当代全球化的讨论中，乡村与其人民都尤为重要。然而，即便那些为数不多愿意承认乡村重要性的人，也都关注它的政治经济功能，而忽视乡村的文化作用。

## 文化空间

城市化是文化和知识创新的源泉，它的理论、模型和流行观念在对乡村的一些描述中发生了反叙事，尤其是在新世界。包括卢梭（Rousseau）、洛克（Locke）等政治思想家都认为新大陆的荒野具有建立更新、更自然的社会秩序的巨大潜力，且不受欧洲政治、经济和文化体制的阻碍。新大陆的荒野乡村也曾是欧洲列强的试验场之一，这是他们在七年战争中为争取统治地位而进行的第一次大陆斗争。各种各样的群体，包括清教徒、先验论者以及后来层出不穷的乌托邦团体都明白，乡村不仅提供了一种逃离或摆脱城市秩序约束的自由，而且体现了那被城市所限制的自由和潜在的行动空间。托马斯·杰斐逊（Thomas Jefferson）选择弗吉尼亚州夏洛茨维尔（Charlottesville）的乡村作为他的"学术研究基地"，在那里他试图将新古典主义建筑和欧洲的文化传统结合起来，并设想将激进的公民共和主义传达给受过良好教育的纽曼农民。美国根植于乡村的这一设想是华盛顿总统内阁国务卿杰斐逊和财政部长亚历山大·汉密尔顿（Alexander Hamilton）之间的许多争论点之一，后者赞成英国的城市工业化模式。乡村作为文化和社会创新孵化器的愿景，并不是像约翰·布朗（John Brown）激进的废奴主义（abolitionism）所论证的那种富有的、有土地的精英形象。约翰·布朗在纽约北厄尔巴岛定居，不仅促成了一场难以想象的社会实验——白人和自由奴隶之间的全面融合和平等，而且也促成了其坚定开展废奴主义的信念，同时迫使他和他的家人参与堪萨斯—密苏里的边境战争（Kansas-Missouri Border Wars），占领哈珀斯费里（Harper's Ferry）。可以说，布朗死后，激进的废奴主义赋予美国内战根除奴隶制的使命，只有在不受国家的压迫和文化规范影响的乡村地区才能成熟起来。

131

　　这一见解不仅跳出了社会政治理论范畴，在文学中也有阶段性的反映。詹姆斯·费尼莫尔·库珀在《最后的莫希干人》里描绘了居住在边境地区的美国殖民者中不断演变、初露苗头的美国民族主义。这种民族主义逐渐从独立的家园转变为英法和美国原住民之间的帝国冲突的爆发点。殖民者在乡村环境中的经历，而非外来的政治教条，推动他们脱离英国的统治，走向"想象中的共同体"（Anderson，1991）。然而，正如在雷·布雷德伯里（Ray Bradbury）的《华氏451度》（*Fahrenheit 451*）中马修·阿诺德（Matthew Arnold）所设想的那样，乡村会成为文化的避难所（"人们认为这是所知最好的地方"）。布雷德伯里书中的主人公盖伊·蒙塔格（Guy Montag）最初是反乌托邦的"消防员"，他的任务不是防止或阻止火灾，而是烧毁那些违反美国法律和习俗的家庭的房子和其他财物，最重要的是烧毁他们印刷的书籍，以此压制阅读，抑制因矛盾和冲突的想法而引发的焦虑和分裂。在经历一场灾难性的焚烧之后，出现了一个宁愿牺牲自己也不愿离开书本的女人。因此，蒙塔格经历了一场道德危机，开始对他从事的事业以及背后映射的社会提出质疑。后来，蒙塔格遇到一位朋友——费伯（Faber），一名曾经的英语教授（因美国高等教育的崩溃而失去他的职位），后者向他介绍了阅读和批判性评估。在与上级队长贝蒂（Beatty）发生激烈的冲突后，蒙塔格被迫逃到野外，遇到了许多无家可归的人。后来，他才知道这些人实际上已经抛弃了他们的社会，他们一起开始回忆并记录下曾经看过的书籍，直到社会再次认识到阅读和文学的必要性。蒙塔格和这些文学保护者们一起见证这座无名城市（想必还有所有其他美国城市）的毁灭，这也使他们有机会重建一个更人道、

更有智慧的社会。从本质上说，《华氏451度》中的社会已变成一个充斥着毒气的
监狱，对于生活在其中的居民而言，一方面要面临"消防员"的威胁，另一方面
则是主流的调节文化鼓励超然的情感和世俗，让公民对即将到来的国际危机一无
所知，而这些危机终究将使其面临毁灭。只有在自然世界中，远离城市的社会控
制，蒙塔格才能生存下来，并促成一种新的文明。这些作品表明，人们认识到乡
村远非城市文化的衍生品，它不仅可以成为文化和意识形态创新的源泉，而且也
可以成为保存过去社会成就的最佳场所。

　　上述案例都表达了一种观点，即认为乡村是社会和文化创新的潜在场所，因
为乡村既提供消极空间（逃离束缚），也提供积极空间（争取自由）。这些自由可
132　能是经济（在许多城市地区中被禁止的廉价资源和空间）、政治（远离支配权政
局）和文化（避开道德或文化美学的仲裁者）方面的，为创新的萌芽提供的土壤。
然而，乡村也能积极地在行动、建设上提供自由，虽然这在城市化大力发展的现
实语境中困难重重。乡村环境成为创新场所的潜力，需要用它所提供的消极和积
极的矩阵来综合衡量。

　　例如，霍奇森（Hodgson, 2002）在描述第二次世界大战初始安大略省惠特
比镇（Whitby, Ontario）的"X营"（Camp X）时，讨论了加拿大、英国和美
国军队如何利用这个小乡村来隐藏为各种秘密行动训练的士兵和情报人员。这些
历史创新的重要之处在于，它们反映了日益城市化的民族与国家在迅速演变的全
面战争中不断变化的需求。简而言之，现代国家的战略和战术军事需求不是基于
城市化的政府席位，而是更多的乡村地区。这些地区提供了实验空间和相对的孤
立性，这些战略创新降低了被敌对势力捕获的可能性（第二次世界大战期间，X营
的成员曾在多个战区服役，将这些创新应用到更广泛的城市系统中）。


## 探索乡村的文化创新

　　就目的而言，我们主要关注包括思想、价值观、信仰、习俗或实践的创新，
这些创新会影响包括经济、政治、宗教、家庭、教育、军事、科研、媒体、休闲
娱乐在内的主要社会制度。在这些具体的制度之下，是人类的行为模式，包括我
们如何进行商品和服务交易，如何工作，如何做决定，如何让思想和习俗代代相

传，如何规范繁衍行为，如何产生新的知识和信息，如何保障国内安全以及如何
在没有其他需求时悠闲地打发时间。从根本上来说，社会制度涉及生活的方方面
面，改变或者修正制度的创新具有深远的影响。我们对社会制度最感兴趣，因为
他们是社会世界的构造板块，且社会改制所产生的影响最为显著。

　　在对乡村文化创新的思考中，我们考虑了基于城市或乡村原点的两种竞争模
式。一方面，我们普遍认为创新起源于城市中心，并向乡村腹地发散。另一方面，
我们提出了另一种观点，即假定乡村地区是文化创新种子的栖息土壤，乡村地区　　133
为文化创新提供了"原材料"，这些原材料经过城市的提炼后向外界输出。在第二
种模式中，如果没有对过程进行充分的调查，那么会给人仅有第一种模式在起作
用的刻板印象，这是因为人们对其过程中的前期理解太少。

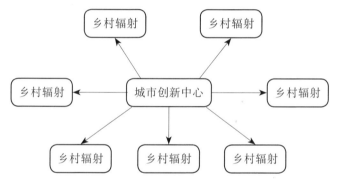

图6.1　以城市为中心的模型

　　第一个创新模型即通常所说的以城市为中心的模型。在这种模式下，文化
创新发生在人类"文明"的城市中心，与我们现在所说的"全球城市"相对应。
乡村地区则被视为城市创新的接收者；村民被想象成空空的容器，被动地等待
新想法与信息的到来。相对地，城市地区负责填补这些缺口。图6.1体现了这种
单向的信息流动。

　　我们称之为"乡村扩散模型"的第二种创新模型则截然相反。在这种情况下，　　134
文化创新首先以一种原始的、实验性的形式出现在乡村腹地。新思想、新信仰、
新实践经常在乡村接受考验，只有最具创新性的文化形式才能经受住时间的检验。
然后，城市中心将这些乡村创新整合并商品化，使它们看起来像是源自城市。当
城市中心将整合的最终文化产品成功地出口到提出最初创意的乡村地区时，这一
过程就完成了。这类似于粮食生产，乡村以农作物和牲畜的形式提供原料，然后

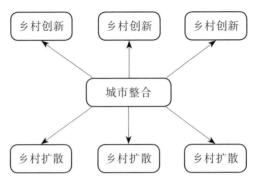

图6.2　乡村扩散模型

由城市公司进行加工和包装，最后将这些原料运回乡村作为最终产品在杂货店出售。因此，"乡村扩散模型"认为，许多文化创新起源于乡村，即使这些创新后来经过城市的加工、提炼和重新包装，且城市又声称对其拥有所有权。

135　　提及此，我们有必要思考推动文化创新的理论机制。我们认为乡村独特的空间格局起着关键性作用。特别是，我们认为文化创新最有可能发生在符合"金发姑娘原则"（the Goldilocks Principle）①的乡村地区，即距离城市中心既不太接近也不太远。与城市中心直接相邻的乡村地区，在社会和文化方面都存在被城市体系所吸收的趋势。对城市而言，现有的制度框架太过固定且过于强大，导致城市系统缺乏灵活性，不允许用新的思想、信仰和实践进行社会和文化实验，所以城市系统会扼杀创新。城市地区需要高度的规律性、统一性和协调性，保障高密度的人口能够在同一空间共存而不发生混乱（Durkheim, 1997）。

　　由于乡村人口较少，协调与合作的需求也比较低，因此可以实现社会和文化的创新。换句话说，乡村地区的制度框架具有更大的灵活性，从而为试验提供空间。在非常偏远的乡村地区，制度是最不发达的，因而其自由程度也最高，但是其经济产业组成可能较为单一，政治制度可能不由当地所掌控，教育和宗教机构甚至可能不存在，或者即使存在，其规模可能也非常有限。这种状况催生乡村文化高度的自发性，以便在基础层面上能够自行运转。然而，地理位置的偏远往往意味着这些地方缺乏创新的资源。这就引出了"金发姑娘原则"的结论：既不邻

---

① 金发姑娘原则：出自英国童话《金发姑娘和三只小熊》。一个金发姑娘跑进熊的家，发现三碗粥、三把椅子和三张床。粥有冷的和热的、椅子有硬的和软的，床有大的小的。她试了后选择不冷不热的粥、不硬不软的椅子和不大不小的床，因为对她来说"刚刚好"。——译者注

近城市也不太偏远的乡村地区为整合资源和制度的灵活性提供"恰到好处"的条件。"远离"城市中心为尝试新的制度创新提供了灵活性，而"邻近"城市地区则丰富了可利用的资源基础。

为了阐述文化创新的"乡村扩散模型"，我们将展开分析一些历史案例。这些案例说明了乡村地区为社会制度的重大变革提供了一些必要的制度灵活性。如果没有乡村提供这些优势，这些变革就无缘得见。

**宗教和家庭创新：以美国摩门教为例**

19 世纪早期和中期，现在的纽约"北部"因其大量的宗教复兴活动，曾被称为"烧毁的地区"（burnt over district）。虽然其中一些复兴可能与人口较多地区的宗教团体有关，但其他形式的宗教表达显示出相当程度的创造性和创新性。其中最著名的例子是耶稣基督末世圣徒教会的建立，即俗称的摩门教会。19 世纪 30 年代，约瑟夫·史密斯（Joseph Smith）在纽约帕尔迈拉（Palmyra）郊外建造了早期的摩门教堂（Mormon Church）。这座教堂因其创造性编著的《摩门经》（*Book of Mormon*）而闻名于世。约瑟夫·史密斯声称《摩门经》是他在帕尔迈拉的金片上发现并转录的，宗教文本中诸如"多妻制"（一夫多妻制）等做法都在帕尔迈拉有迹可循。然而，这并不是说乡村环境对这些创新的容忍度明显提高了。在杨百翰（Brigham Young）的领导下，摩门教开始迁往犹他州，以建立一处免于宗教迫害的净土。在这个案例中，乡村环境为摩门教提供了一处社会空间，使得其信仰可以得到保护，避免被迫害，这在更具"控制性"的城市地区是不太可能发生的。值得注意的是，在摩门教会宣布放弃一夫多妻制之后，那些将多元婚姻视为重要宗教信仰的教派分支也都选择在乡村建立社区，比如亚利桑那州的科罗拉多城（Colorado City, Arizona）和不列颠哥伦比亚的邦蒂富尔（Bountiful, British Columbia），以规避国家对宗教和家庭习俗的强力控制（Krakauer, 2003）。因此，那些可能在城市地区被压制的宗教或其他家庭规范都有可能在乡村的土壤中孵化出来。

"烧毁的地区"现象从某种程度上说明，文化创新发生在城市和乡村的复杂环境中。摩门教徒从帕尔迈拉小镇源起，这个小镇受到伊利运河带来的多种文化影响。帕尔迈拉位于"金发姑娘区"，因为它可以通过运河进入更广阔的世界，而且相对靠近不断发展的罗切斯特市（Rochester）——罗切斯特市本身就是废奴主义者活动的温床。在该地区也发现了类似的创新，包括塞尼卡瀑布（Seneca

Falls）附近诞生的女权主义和奥奈达（Oneida）的完美主义社区。就摩门教徒而言，伊利运河走廊日益增长的城市化进程最终迫使他们离开这里，前往更广阔的乡村中寻找机会，最终定居在犹他州。

## 社会、法律和经济创新：约翰·布朗和废奴主义者

　　在长期存在于美国的奴隶制冲突中，也可以找到乡村作为文化创新地的证据。雷诺兹（Reynolds, 2005）认为，是乡村环境而不是城市中心促成了废除死刑的倡导者和催化剂——约翰·布朗——的出现。布朗从他的父母那里继承了古老的加尔文主义（Calvinism），加上他的童年在印第安人和自由奴隶众多的边境地区度过，这些都促成了他的道德习惯，使得种族平等对他来说具有非同寻常的道德意义（Lowe, 2006）。种族平等的实践最终把布朗和他的家人带往纽约的北厄尔巴岛，他们和被解放的奴隶可以在这一方土地上融洽地生活。这实际上是一位富有的同情者给予的捐赠，他意识到当时这类种族平等的生活对普通民众来说难以想象。布朗体现的文化意义在于他的宗教和社会观念不断演进。这两件事促使他参与了对哈珀斯费里的袭击，并促使亚伯拉罕·林肯（Abraham Lincoln）签署《解放奴隶宣言》，使得美国内战合法化（Rozin, 1997）。这可以说是文化创新在乡村地区演变和表达后才出现在国家舞台上的典型事迹。虽然没有那么戏剧性，但乡村地区已经成为离经叛道的人表达思想与实践，同时又能获得某种形式的经济支持的地方。这些努力即便不被城市完全禁止，其在城市环境中的发展也会困难重重（Moore, 1986）。总而言之，就废奴主义运动而言，"乡村扮演着保守主义和传统的堡垒，而城市作为进步主义和变革的中心"这一观点亟须被修正。

　　废奴主义运动的意义不在于其自身的革新，而在于他们摆脱了在许多城市环境存在的主流社会压力和国家控制。就像摩门教徒一样，布朗的社区利用乡村提供的私密环境得到了一定程度的拓展（Pruitt, 2009）。

**军事和情报创新：以X营为例**
　　接下来，我们来谈谈另一种乡村文化创新，这种创新虽然显得没那么重要，

但至少是永久性的。在后911时代，基于秘密情报收集的军事创新越来越重要。吉登斯（Giddens，1986）将现代定义为国家对军队的控制以及军队与其他社会机构和实体（如工业制造）之间的相互联系。因此，从这个角度看，军队在所有社会机构中占据核心地位。从19世纪末到20世纪，这些联系使得技术革新超越了为军事服务的范畴，包括随之出现的"全面战争"，还涉及平民动员，使经济和社会活动服从军事力量。正是在这种背景下，秘密情报收集的作用才得以发挥，成为一种可贵的工具——这一创新源于乡村社会空间的制度灵活性。

吉登斯提到的这段现代化时期见证了专业秘密和情报机构的出现和制度化，这些机构既收集有关敌军的情报，又进行包括军事战略与战术在内的训练。因为这些活动的创新性特征，在军事院校或灌输式教育等现有体系结构的基础上很难建立起来，在西方国家尤为如此。此外，由于它们的创新性质，最新的训练方法和理论可能被敌对势力窃取和（或）暴露，因而更加需要隐藏这些训练设施。然而，简单地将其孤立可能会适得其反，因为孤立可能意味着与信息、人员和培养其他创新技能所需的资源存在较远的距离，并且难以被纳入更广泛的军事行动。总之，这些能够支持创新的理想选址应远离城市——回想一下关于"金发姑娘原则"的讨论——布局在那些难以被敌对势力察觉，又能为这些活动提供物质和社会空间，还可以允许这些创新融入更大规模军事行动的地方。同时，由于现代社会中交通和信息技术的"脱臼"现象日益显著，信息、财富和其他资源能够远距离流动，因此乡村地区更具优势。 138

这些条件让我们想起一个利用乡村进行国家文化和社会创新的显著案例，即"X营"。这个营地建于1941年在安大略省（Ontario）的惠特比（Whitby），是英国安全协调委员会（BSC）和加拿大政府共同努力的结果，部分归功于加拿大皇家骑警霍奇森（Hodgson，1999：15）。"X营"的军事任务就是训练特工，即"在特殊任务中跟在敌后"从事间谍活动。霍奇森（Hodgson，1999：17）将其军事任务描述为"间谍活动的整个篇章：破坏、颠覆、欺骗、情报和其他'特殊手段'"。这些特工起先来自欧洲、加拿大，后来多为美国人和英国人，其中包括虚构的间谍英雄詹姆斯·邦德（James Bond）的原型伊恩·弗莱明（Ian Fleming）。霍奇森（Hodgson，1999：16）认为："这个营地的目的是连接英国和美国。"这一点很重要，因为尽管它的伪外交功能是在日本袭击珍珠港海军基地的前一天形成的，这一次袭击将美国卷入第二次世界大战，但美国并没有因此失去政治或经济强国的地位。X营的位置是综合的，以此相对容易地获得其任务所需的资料和其他资源。

根据霍奇森（Hodgson, 1999：37）的说法，尽管X营地靠近许多相关军事和工业基地，但该营地主要通过乡村形态表象来进行伪装。X营的乡村外观使其实际功能免受监视，同时也提供了足够广阔的物质和社会空间来进行创新，从而为战斗提供助力。此外，营地选择的乡村区位较为理想，既与较大的军事设施隔绝，又与运输、刑罚和通信中心的距离足够近。因此，X营成为将这些技能和专业知识输送至第二次世界大战欧洲战区的"锚点"。在这个案例中，乡村之所以作为战略性选择，是因为它有能力发展文化创新。

## 探索乡村拟像

乡村拟像是城市的产物，其存在是为了延续无数关于乡村的刻板印象，比如乡村是野性的、质朴的和隐居的地方（下一章我们将在流行文化中探讨这些主题）。对于乡村拟像的概念，我们并不是指非实物性的媒体报道——尽管我们相信这些报道信息描绘了乡村拟像，而是指当我们探访一个地点时所遇到的"真实的"实体和物品。这些"真实"的实体和物品传达了关于乡村的特定印象或看法，而这些刻板印象可能有基础，也可能没有实体参考。鲍德里亚（Baudrillard, 1994）将拟像定义为"它没有领地性（territory），也不是一个有参照意义的存在（being）或实体（substance），它是由没有起源或真实模型而产生的一种超现实拟像（hyperreal）"（Baudrillard, 1994：1），这些拟像实际上是没有原件的复制品，它们可能出现在多个地点，但仍找不到某一源头。

想象一下，当我们准备去参观一个主题为"火星上的生命"的游乐园时，在到达之前，我们可能会对自己期待的东西有一些先入为主的想法。理所当然地认为，这里的土壤上应该铺上一层红色的沙子；这里的生命形式可能是绿色的；它们或许会说一些奇怪的语言或发出奇怪的声音，让人想起电影《第三类接触》（Close Encounters of the Third Kind）或《E.T. 外星人》（E.T.）。假如在我们到达时，发现风景是蓝色的，生命体是紫色的，并且它们还会说英语，会不会感到失望？因此，我们可能会得出以下结论：这个公园是对火星生命的可怕演绎，这个结论几乎谁都会认同。当然，更具讽刺意味的是火星上没有生命可以作为真实再现的基础。换句话说，这个复制品缺乏源头，我们可以把它看作成一个火星的拟像。那么，我们是在哪里形成了关于火星生命的固定观念呢？

不置可否，答案来自大众文化和媒体，我们将在下一章深入探讨。然而，现在值得研究的是巴金特（Bageant，2007）对美国全息图（hologram）的讨论。他认为，经过中介传导的全息图加上大约8 900万到9 400万的文盲人数使得电视图像毫无争议地主导了社会想象："电视驱动全息图创造了美国人的现实，调节了美国人的国家观念和内心的幻觉……电视显示菜单：有时是被更强大的力量预先挑选的国家政治候选人，有时是消费品（也许有一天二者会合并）（Bageant，2007：250，256）。"和鲍德里亚所定义的拟像一样，巴金特对全息图的描述是：这种多源视角既强化了现有的不平等，也模糊了其他选择或异议的声音，这些声音或许揭示了当前的社会秩序是如何有效地"剥夺"（disenfranchise）了美国乡村公民权的。

德波（Debord，1995）在对"奇观"（spectacle）的讨论中也提出了类似的观点。德波认为，当代社会已经被奇观所主导，"奇观继承了西方思想课题（project）的所有弱点，即试图通过视觉的范畴（categories of vision）来理解活动"（Debord，1995：17）。简而言之，作为一场"永久的鸦片战争"（permanent opium war）中的一部分，奇观提供了视觉图象和叙事，安抚了观众。德波认为奇观是"市场经济专制统治"（autocratic reign）的一部分（Debord，2002：2），这在美国已经广为传播，其特点是公开的广告投放，在娱乐电视与电影中植入产品，以及推广商业和/或主题活动。就像巴金特的全息图和鲍德里亚的拟像一样，奇观无所不在，因此可供表达不同意见和/或不同观点的社会空间很少。奇观对于乡村环境具有双重含义：一是它几乎不能为乡村社会、政治和经济状况的持续批判提供一个平台；二是乡村的景象和拟像可能是由占统治地位的行为者精心雕琢而成，以体现（和获得）某些利益。虽然我们赞同全息图和奇观的观点，但我们聚焦于拟像，因为这个词包含了全息图和奇观的基本理念。

**类型学的拟像**

我们认为勾勒出类型学的拟像具有一定的指导意义。第一个类型是主导性拟像（simulacra of the dominant），即某些特定区域的少数集权者赋予某一地点的美学、实体和物品的含义以表达其特定的偏好。正如安德森（Anderson, 1991）在讨论"人口普查数据、地图和博物馆"创造民族主义时指出，不仅需要参考博物馆的藏品和展品中某一特定群体的历史、社会或文化排列，还需要关注决定展出的内容，后者反映了根深蒂固的社会和政治利益。洛温（Loewen, 2007）在解释"美国历史与社会研究"相关课本的内容时也注意到一个类似现象，这些教科书倾向呈现主流文化的正面形象。例如，教科书避开了从墨西哥吞并得克萨斯一事，掩盖了美国的帝国主义历史，而这与美国当前独立、自由和正义之地的形象背道而驰。因此主流拟像提供了向外扩散的图像和叙述，以支持对某一特定区域的幻想，同时排除那些可能挑战它的内容。

141　　分离的（detached）拟像是提炼的形象（refined image），不能简单归属于某一特定位置和/或某一特定的时间。与历史和/或社会再创造不同，分离的拟像并不倾向准确描述特定地点或事件的缩影，而是要创建一个标志性强，但缺少源头的图景。例如，诺曼·罗克韦尔（Norman Rockwell）对美国"小城镇"的描绘之所以吸引人，是因为他所描绘的场景可以发生在许多地方。此外，许多类似的图像创造了乡村地区的生活景象，它们仍然属于地区性的，而非某个特定性地点景象。例如，富兰克林·德拉诺·罗斯福的《四项自由》（*Four Freedom*）中的"言论自由"描述了一群成年白人一起参加著名的"新英格兰市政厅会议"，当一个显然很有派头的工薪阶层代表站起来发言时，其余的观众礼貌而专心聆听的画面。除了标题中政治原则的隐含意义，罗克韦尔的画也是一个过时的（anachronistic）拟像：这些画支持罗斯福政府倡导的四个自由，但是20世纪随着美国城市化进程的迅速发展，与新英格兰小城镇式生活的联系越来越少，导致这种拟像与真实美国生活渐行渐远。

　　分离的拟像可能会沦为支配工具，用以特征化或"品牌化"整个社区。例如，克莱因（Klein, 2009）曾指出，精心设计的"迪士尼欢乐社区"是小镇生活的缩影。这包括为游客提供一个电子"前廊"（My Front Porch），同时禁止各种形式的品牌广告，如连锁餐厅或在自然生长或未规划的社区中特别有名的其他商业品牌。其他由大型经济开发者主导的社区，如自由港、缅因州（L. L. Bean总部所在地）等，都有严格的分区条例，通过为购物者和游客创造愉快的"小镇体验"来支持其经济发展。

　　在想象的空间创造中，拟像可以在任何地方出现，而非局限于一个特定的位置。它可以与特定的活动相联系，如库珀斯敦的棒球名人堂，也可以是一个中心或博物馆，将某一特定时期的历史不断重演，或者提供对社会秩序的另一种想象。

乡村拟像以自然环境为中心，表现了该区域的特征，因此自然环境几乎不会发生太大的改动。这一定程度上涉及环境"驯化"，如严格限制或消除被视为"害虫"或威胁的动物物种，防止洪水和森林火灾，以及限制在特定经济区之外的人类活动。乡村拟像服务于那些从自然环境中获取经济效益的人。例如，在葡萄园品酒和生态旅游往往掩盖了人类在自然环境中作为的历史实际。一个成功的乡村拟像可能会抑制大型经济主体进入某一特定的区域，以避免被破坏，同时它也会限制、削弱或违反乡村拟像行为的其他经济活动，因为后者可能会损害特定区域内居民的利益。

## 乡村拟像的案例

为了加深对乡村拟像概念的理解，我们探索了几个自认为具有说服力的案例，以激发读者更为广泛的兴趣，而不是仅仅是作为严肃的案例研究。同样，我们希望这些案例可以引导未来的社会学研究，就像乡村文化创新的示例一样。

### 案例1. 农场动物庇护所

即便是传统的乡村实践也可能包含拟像。例如，位于纽约沃特金斯格伦（Watkins Glen, New York）的农场动物庇护所（Farm Sanctuary）是一个典型的田园式家庭农场。农场里有谷仓、封闭的田地和家畜，如牛、猪和鸡。在某种程度上，这里代表了一个分离的乡村拟像。然而，这种表象颇具误导性，因为这些动物并不是基于我们对真正的家庭农场概念所期望的为了屠宰和供人食用而饲养。相反，这些动物要么是从屠杀中拯救出来的，要么就是出生在农场的。游客可以来这里参观，并与动物们互动。工作人员给每个动物都起了名字，还会与游客分享它们的生物记录，这是他们的重要工作任务之一："我们认为，作为个体，每一只动物拥有独一无二的名称是很重要的。"在农场动物庇护所，动物应该被称为"谁"而不是"那个"，是"他"或"她"而不是"它"（Baur, 2008：55）。鲍尔一开始将农场动物庇护所作为安置"受虐"（downer）动物的地方，或安置那些到达屠宰场但因身体太弱或身患疾病而无法移动的动物的地方，并在1990年建立了沃特金斯格伦保护区，这主要是因为这里的经济能力以及其与农业和市区的距离（Baur, 2008：60）十分合适。尽管农场动物庇护所位于一片很大的乡村，但它已与各种动物保护组织建立了联系网络，以拯救动物并支持立法改革农业实践。因此，尽管它在外形上与传统农场有相似之处，但它宣传的动物权利意识形态与传统的家庭农场截然不同——传统家庭农场倾向从更实用的角度来看待动物。

**案例2. 衰退乡村的拟像：甲安菲他明**

虽然上一个案例述及的状况是积极的，但相反的分离拟像也应受到关注，即发展受限或衰退的乡村或小镇必须被抛弃，以便让更大的城市中心更好地发展。卡尔（Carr）和凯夫拉斯（Keflas, 2009）提出了"中心地带"（the Heartland）的观点，即乡镇的居民只能接受这样一个事实，他们"最美好"的选择是离开家乡，前往大都市地区，以便获得更好教育和工作机会。雷丁（Reding, 2009）指出，20世纪80—90年代甲安菲他明（methamphetamines）的销售和消费在美国一些乡村地区陡增，但没有媒体对那些抵抗或屈从的乡村社区进行关切性报道。雷丁的一名受访者将这些乡村社区的现象称之为"社会文化癌症"（socio-cultural cancer）。这名受访者叙述列举了爱荷华州奥尔温（Oelwein, Iowa）甲安菲他明的"毁坏性"（devastation）事件。雷丁指出，大型农业企业扩张的宏观经济后果令许多中产阶级农场主陷入困境，进而削弱了这些地区的经济基础，由此产生了乡村对新的收入来源的巨大需求。雷丁还补充了另一个重要观点，即甲安菲他明的早期效应造成了"用之不竭"的工人，这是新自由主义产业的理想选择。由于这一趋势，再加上政府监管机构早期抵制从商业可得物料中获取制作甲安菲他明所需的材料，而这些物料本可大大减少甲安菲他明的贸易，使得许多乡村地区涌现出甲安菲他明的使用者和生产者。然而，这些潜在的原因往往被忽视，甲安菲他明问题是美国乡村陷入不可避免衰落的象征物（emblematic）。

**罗斯福和国家公园中乡村拟像的根源**

尽管前美国总统西奥多·罗斯福（Theodore Roosevelt）在城市长大，但他对自然的研究和保护自然的必要性都深感兴趣。罗斯福痴迷于19世纪中后期的科学和自然主义写作，这归结于他的家族与纽约自然历史博物馆的建立密切相关。1901年，在当选总统后，他利用行政权将各种地域，包括那些猎人为获取和销售制作女装所需皮毛，而侵入的地域，都转变为联邦保护区，并说出了"我宣布（I so declare it）"这句名言。罗斯福的举措，引导了美国国家公园的建立，避免了它们落入少数富有的个人手中并保护了罗斯福所认为的代表了美国特色的地区。罗斯福认为，尽管英国等一些国家有像威斯敏斯特教堂（Westminster Abbey）这样的文化表达，但美国却有像提顿山（tedons）这样无与伦比的自然纪念碑（monument）（Brinkley, 2009）。简而言之，对罗斯福来说，绝不是必须离开乡村荒野才能够寻求文化，乡村地区正是美国身份的来源。因此，我们注意到罗斯福对于乡村拟像建构的重要影响。

　　从表面上看，罗斯福不太可能成为乡村拟像建构的发起人。他出生于一个富裕而有影响力的家庭，年轻时的大部分时间都在与各种健康问题作斗争。罗斯福住在纽约附近地区，多次前往欧洲城市旅行，他酷爱阅读，对社会、地理有广泛的认识，并对自然科学研究及保护产生了毕生的兴趣。布林克利（Brinkley, 2009）指出，年轻的罗斯福曾阅读过达尔文和赫胥黎关于自然选择和物种进化的科学著作，并深受其影响。罗斯福对自然和动物的兴趣与他的家庭以及精英网络之间的联系密切相关。罗斯福的父亲约翰·J.罗斯福（John J. Roosevelt）是纽约和科尼利厄斯自然博物馆的创始人，协助亨利·伯格（Henry Bergh）完成了美国防止虐待动物协会ASPCA（Brinkley, 2009：50）的第一份年度报告。布林克利认为，在包括罗斯福在内的强大慈善家和改革家的支持下，伯格才有勇气利用美国动物保护协会的力量起诉虐待动物的行为。对罗斯福来说，这种感知自然和对虐待动物的认识在几十年后对美国产生了不可估量的影响。然而，罗斯福对防止动物遭受痛苦的愿望与其行为存在显著的矛盾，他后来成为一个狂热的猎人，利用狩猎研究自然，拍摄具有代表性的动物标本，这其中部分原因是罗斯福认为狩猎是最人道的杀死动物的方式。罗斯福对适者生存的理解形成了这一观点，他认为自然世界是一个充满暴力的地方，熟练的猎手能够以一种不造成过度痛苦的方式反映这一现实。布林克利还称赞罗斯福预见了20世纪人道屠宰法的颁布，该法要求动物在宰杀前必须先失去知觉（Brinkley, 2009：47）。

　　影响罗斯福的科学与通俗文学对美国及其乡村产生了巨大的影响。如上文所

144

述，尽管罗斯福是居住在纽约及其附近的大城市（并去往欧洲的一些城市旅行），
但是通过阅读赫胥黎和达尔文的著作以及与自然历史博物馆千丝万缕的家族关系，
他对自然世界产生了浓厚的兴趣。罗斯福还阅读了大量有关自然世界的小说，这
些小说反映了美国社会对郊野之地观念的重大转变。布林克利（2009）认为，罗
斯福阅读过詹姆斯·费尼莫尔·库珀的著作，并将库珀关于郊野的观点内化为难
以估量的优美资源，而不仅仅是自然资源或对文明扩张的威胁：

> 在库珀之前，森林被视为黑暗、邪恶的灌木丛，是农场所有者和拓荒者
> 面临的一个困难的自然障碍，必须加以清除；溪流同样被认为是危险的、不
> 可预测的急流。库珀颠覆了这一"恐怖"荒野的观念。对他来说，树是"珠
> 宝"，鱼是"珍宝"。例如，在《拓荒者》一书中，他斥责自然掠夺者的"挥
> 霍无度"（Brinkley，2009：41）。

145      罗斯福也开始认同小说《拓荒者》（*The Pioneers, 1823*）的主人公纳
蒂·班波（Natty Bumppo）曾提出的狩猎观点，即狩猎应该只为食物，肆意和
不必要的屠杀非道德之举。总之，通过多次郊野旅行和露营，以及与自然有关的
文化艺术品（包括科学文献，博物馆收藏以及流行的小说），罗斯福获得了一种关
于郊野的观点。他认为保护郊野就是保护自身利益，郊野不应被视作一种自然性
资源。这对于人的充实的（fulfilling）存在至关重要。这种看法也被其他上层
阶级的狩猎者所接受，他们利用自己的社会、经济和政治影响力，将部分土地拨
作狩猎和露营之用，并阻止那些逐利者获取这些资源。罗斯福认为，美国的民族
身份（national identity）在某些自然区域内得以体现，就像某些欧洲国家的民
族身份与某些建筑和社会文化中心关联一样。1900年，罗斯福进一步阐明了这一
立场，他认为越来越多的美国城市居民正失去活力，而这种活力可以通过积极的
户外活动恢复。罗斯福在演讲中表达了赫伯特·斯宾塞（"适者生存"）、爱默生
（"自力更生"）和尼采（"战胜和超人"）通过自然活动（包括远足、野营和爬山）
来进行体智结合的事例。有趣的是，罗斯福说他曾被一位医生警告过不要从事这
些活动（Brinkley，2009：349-351）。这篇受欢迎的演讲最终以《艰苦的生活》
（*The Strenuous Life*）这个恰当的名字出版。就对乡村的影响而言，罗斯福创
立的国家公园管理局某种程度上定义了乡村原始、野蛮的拟像：在郊野地区，大

量大型的食肉动物被捕杀，居民只居住在国家公园的外围（outskirts）。一些人开始四处吹捧郊野和它的好处，虽然他们并非永久性地定居在乡村。罗斯福对荒野和户外活动穷尽毕生的兴趣，除了显著地影响了美国历史，也凸显了诸如书籍、小说和故事等文化制品的作用。

## 乡村再现和想象中的城乡分割

上文中对乡村文化创新和拟像的讨论，在很大程度上根植于城乡文化之间言过其实的分歧。在这一点上，我们认为有必要进行更广泛的讨论，包括由乡村"感知"（perception）而形成的乡村"再现"（representations），及其对村民和外界的意义。象征互动主义和社会建构主义等社会学传统都强调了社会行为者之间的理解、符号和解释的重要性；通常情况下行为者的感知并不根植于可测量的、无可争议的现实。村民和外界对乡村的感知一般是基于他们对村民及其周围环境的理解。

146

### 想象的政治分歧

例如，弗兰克（Frank, 2004）指出，许多坚定的"红色州"——20世纪80年代及以后投票给共和党的州——有着大量的乡村人口，尤其是美国大平原地区。弗兰克指出，这一趋势意义重大，因为它完全偏离了之前的政治趋势，民主党制定了一系列保护农业的经济政策，并在新政期间被列入联邦法律。弗兰克认为，造成当前"红色州"趋势的两个重要原因：一是乡村选民认为（保守的）共和党人更能代表他们的价值观和信仰；二是其他政治流派尤其是民主党也赞同这种解释。因此，民主党人在这些州招募和/或挑战共和党的主导地位方面几乎没有采取行动。这种对（保守的）共和党人及其政策的亲和力具有一定的讽刺意味，正如弗兰克所说，共和党所青睐的新自由主义和放松管制的倾向明显地给这些乡村选民带来了经济困难。弗兰克观点的重要性在于，它们揭示出那些产生了创新的社会和政治想法（其中许多议程在国家层面也具有影响力）的乡村地区，现在已经转向支持那些经济上不利于其自身的政策，这在很大程度上是因为他们想象中共和党支持乡村的价值观和信仰。巴金特（Bageant, 2007）在枪支管制分歧方面也提出了类似的观点。虽然许多城市和郊区居民支持枪支管制，但巴金特认为枪支融入乡村生活的方式与城里人的想象天差地别。这种文化混乱造成了城乡居民间的分歧，否则他们可能会在各种社会经济问题上达成一致。这些趋势似乎仍在继续，2008年阿拉斯加州州长萨拉·佩琳（Sarah Palin）被选为共和党副总统候选人就证明了这一点。尽管佩琳缺乏制定政策的工作经验（她以前曾任阿拉斯加州瓦西拉市市长），也未获得国家认可，但她似乎对弗兰克所提到的那类选民具有强烈吸引力。这种吸引力的一个重要部分是认为佩琳象征着"真正的"美国，正如她于2008年10月16日在北卡罗来纳州的演讲中指出的那样［据朱丽叶·艾尔佩（Juliet Eilperin, 2008）报道］。

147

　　　　我们相信美国最好的东西并不都在华盛顿特区。我们也相信美国最好的地方就在我们参观过的这些小镇里，在这些我称之为真正的美国的奇妙之地，大家一起努力工作。我们都非常爱国，非常……嗯……非常……。这个伟大的国家……在这里，我们看到了日常美国人的善良和勇气，那些经营我们的工厂、教育我们的孩子、种植我们的食物、为我们而战的人，那些穿着制服保护着我们的人、那些捍卫自由和美德的人。

　　总而言之，佩琳的吸引力在一定程度上由旁观者的掌声体现，至少在一定程度上源自想象中的小镇与城市相比所体现的真实感和优越性，从而强化了"真实的"乡村和小镇与美国其他地区的二元关系。

### 想象中的动物权利分化

　　布朗纳（Bronner, 2008）在讨论宾夕法尼亚州希金斯（Hegins）备受争议的活鸽射击时提到，乡村居民与外界，尤其是以城市市民为主的抗议者之间存在明显的分歧。布朗指出，活鸽射击是乡村居民劳动节的传统，人们放出笼子里的鸽子，射手在其逃跑时对其射击。这成为动物保护者们多年的抗议焦点，他们认为这一传统残酷且不必要，但来自希金斯和周围地区的参与者和观众却捍卫这一权利，后者认为这是一项由来已久、以家庭为导向的传统活动。虽然布朗纳的描述证实了居民和抗议者之间的众多分歧，包括性别、教育水平和居住地等，暗示了类似亨特（Hunter, 1991）文化战争理论方面的分歧，但在布朗纳的分析中还有其他数据，说明这场冲突有更为微妙之处。布朗纳指出，希金斯的鸽子射击比赛曾经是职业射击比赛中的一项活动，来自芝加哥和长岛等城市的许多选手一起争夺现金大奖。随着这类靶射都从实弹射击鸽子演变为射击泥鸽（将机械发射的陶瓷圆盘作为空中射击目标），而希金斯仍旧保留了其赛事原本的特点，为的是从其他竞争对手中脱颖而出。简而言之，这种捍卫传统的做法将希金斯打造成为射击比赛的目的地。布朗纳还指出，人们对猎杀行动最初的担忧不是来自城外的抗议者，而是来自本地居民。虽然抗议活动本身是由城市外来者发起和持续的，但对这一事件的伦理关注却源自希金斯内部。布朗纳对抗议活动的描述意义重大，它揭示了人们对于乡村的感知（无论是对村民还是外地人）在推动社会行动上是如何起到一定作用的。

### 社会想象

148

对乡村的批判和理解乡村的分析需要把乡村置于泰勒（Taylor, 2004：23）的"社会想象"之中。

> 人们如何想象自身社会存在的方式，他们如何与他人相处，他们与同伴之间如何合作，通常会达到的期望，以及这些期望之下更深层次的规范概念和意象……普通人"想象"其社会环境的方式，一般基于图像、故事和传说……社会想象是一种共同的理解，它使得共同的实践和分享的合法性成为可能。

像西奥多·罗斯福这样的社会精英可能会清晰地描绘出让更多人与之共鸣的形象，如建立国家公园，因为这些社会和政治行动表达了某种社会想象。同样，像诺曼·罗克韦尔这样的精英和流行文化制作人也可能同时受到社会想象的塑造和影响。泰勒还指出，社会想象具有复杂性和明显的矛盾性，例如一边赞美自然，一边发展经济，对自然环境造成破坏。泰勒还指出，社会想象是通过"图像、故事和传说"来表达的，因此研究社会想象必须关注大众文化的生产与消费。

泰勒提出的关于社会想象和大众文化表象（representation）的概念意义重大，它表明社会想象可能受大众文化表象的深刻影响，却又独立于这些表象的现实之外。例如，肯纳（Kenner, 2009）在纪录片《食品公司》（*Food, Inc.*）

中指出，大多数美国人认为他们所消费的食物（尤其是肉类产品）是在规模较小且令人愉悦的家庭农场饲养的。那里的动物们享受着自然、宁静的生活，直到它们被人道地宰杀。肯纳将这一幻想（vision）与当代工业化规模和规模化农业的现实相比较，即动物是在高度受限的条件下饲养的，它们经常被注射大量的抗生素来对抗环境中伺机繁殖的病毒，并且在被屠杀时承受着巨大的压力和痛苦，这些条件对屠宰场的工人也是有害的（Singer，1975；Eisnitz，1997；Kirby，2010）。总而言之，当代农业实践的想象——进而延伸到美国乡村生活的想象——既模糊了当代农业文化的现实，又有效地使得这些大规模的工业化实践免受审查。在这方面，乡村表象在功能上保护了经济利益，并从主流拟像中获益。

## 149　　结语

当普通人听到"世界乡村"（world rural）这个词时，通常不会把它与文化创新联系起来，相反，恰恰可能与文化落后关联起来。乡村地区给大众留下这样的印象是令人诧异的，因为它曾经为一些重大的历史社会变革提供了重要的启迪。在本章中，我们分享了乡村文化创新自发出现的案例。约翰·布朗的案例表明，自由的乡村环境可以使废除奴隶制的种子得以萌芽，而不必克服奴隶制中早已根深蒂固的城市利益的压迫性影响。X营地的案例揭示了如何根据人们常说的"金发姑娘原则"，从战略上选择乡村地区，以实现其机制自由。当乡村空间正好距离城市的影响足够远，足以让创新蓬勃发展，同时这些创新的影响足够深，足以渗透至城市，则能产生更为持久的影响。例如，如果废奴主义未被纳入城市系统，它可能就不会成为现实。

随着城市文化日益占据主导地位，乡村开始遭受各种表象的影响。现代化加速了这一趋势，个人和群体在区域地理上的地点（locations）变得更具流动性，表现为区域内部的迁徙和区域间的外部迁徙。随着个人、群体和人口流动性的增强，人们对特定区位的看法随之变化。例如，卡洛夫（Kalof，2007）指出，在17世纪的英国，城市常常与"商业主义、奢侈和残忍"联系在一起，而乡村则被理解为有序、无辜和互惠的（Kalof，2007：135）。卡尔和凯夫拉斯（Carr & Kefalas，2009）指出，在今天的爱荷华州有一个普遍的共识：有天赋和有成就的学生必须离开乡村，前往城市才能获得更多的利益和机会。如前文所述，许多人认为城市是"文化创造力"的发源地（见 Florida，2004），却往往忽视了乡村地区在历史上曾促发了重大的政治、社会和宗教变革。

正如本章所述，这些看法与创造和延续某些拟像有关，即通过抑制或压制替代性方式的创新，使某些社会、政治和文化利益获得更大的好处。这些拟像的产生和维持部分是通过以某种特定方式塑造的典型乡村的媒介叙事和意象来实现的，主要是依托大众媒体。自从大众电影和电视出现以来，传媒对乡村的叙述发生了巨大的变化，乡村最开始是一个危险和未开化的地方，而后变成了一个纯真的地方，最近又变成了一个文化和社会矛盾聚集的地方。

正如这些媒介叙事中支配性的异质化衰落所暗示的那样，乡村可能正在享受 150 一个潜在的上升期。例如，研究幸福心理学的学者们（参见 Haidt，2005）指出，在许多与幸福相关的因素，如通勤时间短、居住环境安静以及能接触到宜人的户外环境等上，乡村比城市或郊区更具优势。社会科学研究对上述因素的发现，再加上对乡村矛盾的媒介叙述，都暗示着当代的矛盾心理，这意味着乡村在未来可能会得到更多的关注。

# 第7章 城市范式

151

超过四分之三的美国人居住在大都市，世界上超过一半的人口生活在城市。城市人口的比例是如此之高，这种状况对文化产生影响也就不足为奇了。尽管广袤的土地不属于城市，但是对一个生活在城市环境中的人来说，城市的景观和生活方式是正常性的，我们将这一现象称之为"城市范式"（Urbanormativity），即假设大都市地区的景观和生活方式是规范性的（normative）。由此推论，非城市的生活方式是偏离的。

城市范式总是出现在城市社会的大众文化中。例如，在《吉尔伽美什史诗》（*Epic of Gilgamesh*）中，半神的国王穷尽毕生寻求永生，却发现这是不可能的。吉尔伽美什通过观赏家乡乌鲁克（Uruk）的城墙来慰藉自己——后者在古代就等同于现代城市的天际线。在这一语境下，"乡村"相当于"荒野"，难以被驯服的野人恩奇都（Enkidu）是如此的未开化，他生活在荒野，远离城市，动物们都把他当作朋友（Dalley，2000）。在与美索不达米亚相关的其他作品中，游牧民族与那些生活在偏远山区的人，都被视为需要文明恩惠的淳朴的乡下人；通常，这样的人也无法适应城市的复杂与先进（sophistication）。当然，这些信息来自那些为寺庙和宫殿的精英阶层编撰故事的书吏，而从一个游牧民族或山里人的视角来看，情况可能大不相同。因此，我们无需惊讶当代城市社会也存在类似的偏见。

像"新月沃土"一样，当今大多数流行文化都源自大城市，流行的文化最中心是洛杉矶和纽约。尽管只有13%的美国人口生活在这两个大都市圈，但是取悦这些市场的居民的文化产品丰富到实在令人惊讶。考虑到大部分文化产

152
业位于这些城市，许多在这些城市制作的电视节目和电影都以它们为中心也就不足为奇了。人们可能还会发现，天气频道似乎经常播报亚特兰大的天气，因为该地区安装了大量气候监测摄像头。然而，我们认为，这种对大城市的关注不仅仅是因为制作的工作室位于当地的便利性，也有许多电影在波士顿、芝加哥和华盛顿拍摄，然而那里电影产业并不发达。相反，对大城市的强调是因为人们认为大城市更富有戏剧性、更文明、更规范。以一个词概括，就是"城市范式"。

当我们审视与乡村相关的主题时，城市范式往往显而易见。如前文所述，流

行文化将"乡村"定义为野性、质朴和隐居。这些主题在一些电影、电视节目和其他形式的流行文化中都能发现踪迹，而且往往互为关联。

## 流行文化的影响

大众文化如何描述乡村是形成乡村感知（perception）的一个重要变量。阿尔泰德（Altheide, 2002、2006）十分详尽地阐述了大众文化与文化观念的交集。他认为，那些同时观看新闻和关注暴力犯罪类大众文化的人，更有可能相信社会秩序是危险的且需进行控制。格拉斯纳（Glassner, 2000）指出，20世纪90年代美国对暴力犯罪广泛且不成比例的报道加剧了人们对暴力受害的恐惧，尽管这类犯罪实际上有所减少。除了暴力犯罪，还有证据表明，流行的文化叙事可能会影响政治议程的设定（McCombs, 2004年）。科南特（Conant, 2008）记录了"二战"期间英国政府在美国建立英国安全协调机构（BSC）的目的，即要在美国民众中建立和维持亲英情绪。为了达成这一目标，该机构开展了相关的亲英行动，包括儿童作家罗纳德·达尔（Ronald Dahl）为支持英国的流行杂志撰写文章，以及提供兼顾娱乐性和戏剧性的故事。总之，大众文化叙事，无论是否具有潜在（representational）目的，都可能影响并反映社会想象（imaginary）的诸多方面。

除了简单的反映或影响，乡村通过其他媒体呈现的表象还可能表明社会秩序的转变。卡洛夫（Kalof, 2007）认为，关于动物的视觉图像和叙事反映了普遍的社会状态。例如，罗马人几乎一致地将动物描述为凶残的和暴力的。这一固有的看法，又使得罗马人在角斗游戏中广泛使用，尽管当时许多记载表明，竞技场中的动物是被挑逗激怒而引发争斗。在中世纪，随着欧洲贵族占领和统治荒野地区，森林成为拥有亲和魔力且富有浪漫气息的场所。15世纪和16世纪，欧洲经历的大规模动物屠杀是病毒和饥荒所引发的不稳定的表现，这可以说是一种基于"文化"的实践，为的是创造和控制社会秩序（Kalof, 2007：87-88）。简而言之，动物如何被再现和如何被对待，已经与更广泛的社会文化活动交织在一起。这里有一个问题，即美国流行文化中对乡村的描绘如何反映出观念的转变与潜在的社会诉求？此外，这些关系又会如何通过共同的乡村主题表现出来？

153

## 乡村和其他

正如第1章所说，"乡村"的概念可以有多种不同的含义。在流行文化中，"乡村"几乎总是以城市范式的视角来定义，这些范式被大都市区塑造流行文化的人所利用。换句话说，流行文化中"乡村"概念背后的共识是基于异域（alien）地理学以及大都市区主导支配性范式影响下的社会关系。这意味着"乡村"可以是任何规模、任何社会维度、不同于类似纽约和洛杉矶等大都市地区的地方。

下文将深入探讨"与自然有关，没有任何人类的影响，甚至没有人类存在"的乡村概念。这种田园风光可以在保护区中看到，比如波士顿附近的蓝山保护区，以及贯穿纽约北部郊区的一系列州立公园，后者被统称为"熊山"。这些地方树木繁茂，也正因为这些"自然"景观，人类的停留场所仅限于小径、野餐区和露营地。这一观点在《生死狂澜》等影片中得到印证，主角们在这部电影中一起应对大自然的挑战。

流行文化中发现的另一种乡村定义与以农业为主的乡村景观有关。例如，在电影《廊桥遗梦》（*Bridges of Madison County*）中，一对兄妹发现，他们的母亲（一位沉默寡言却受人尊敬的农妇）与一名摄影师有染。当她的丈夫不在时，这名摄影师曾去过她所在的村庄，两人开始了一段热恋。当摄影师离开后，她选择继续和丈夫待在一起。片中象征着尊严和纯真的主题核心是在大草原上种植的数英亩玉米地，这象征着比城市更简单的乡村生活，与这种纯真形成鲜明对比的是婚外情。这件事本就是农户生活中的一件浪漫之事，它被表现为一种建立在互相吸引和朴素纯真基础上的爱，似乎是为了强化妻子形象所象征的纯洁性，她最154终选择留在自己的乡村老家，而不是与爱人远走高飞。最后，以她家乡的桥梁为蓝本的《国家地理》的一篇文章成为他们爱情的遗存。

另一部电影《梦幻之地》（*Field of Dreams*）同样运用乡村景观来表达一种纯真的氛围。在这部电影中，一个农民经历了一些幻象（visions），这些幻象不断在他周围耳语："如果你建造了它，他们就会来。"为了回应这种反复出现的幻想，他在玉米地中间建了一个棒球场，由此诞生了数位棒球界的传奇人物。在电影中他们参加了一系列的棒球比赛。就像《廊桥遗梦》一样，农业景观被用来象征一个简单而美好的时代。一排排的玉米地，在镜头的视野中不断蔓延，呈现出人们向往的规律性和简明性。人们没有意识到，农民要想获得成功，需要一系列复杂的知识，有时可以通过经验获得，有时则需要经历正规的培训。只通过简单的方式呈现农民，或他们的妻子，目的是缓和复杂的城市生活带给人们的压力，而非表现出真实的乡村生活。同样，通过将农场描述成独立企业，将农民描述为企业家，这些电影将城市企业家的理想强加于乡村环境，掩盖了真实的乡村。

　　乡村主义的另一个象征是小镇。流行文化中最典型的小镇是《安迪·格里菲斯秀》中的梅贝里镇（Mayberry）。在小镇警察安迪·格里菲斯和他的伙伴唐·诺茨的冒险故事中，梅贝里被描绘成北卡罗来纳的一个小社区，有各种奇怪的人物。小镇生活和不寻常的环境构成幽默的基础，但这种幽默却建立在小镇有规律而枯燥的生活之上。《北国风云》拍摄于20世纪60年代初，但该剧的大部分古怪幽默都基于美国小镇的规律性和枯燥性。尽管阿拉斯加小镇西塞利的许多角色都住在村外，但《北国风云》的主要情节还是发生在小镇的主干道上。同样，电影《楚门的世界》（*Truman Show*）试图创造一个梦幻般的场景，主角楚门·伯班克（Truman Burbank）发现自己无意间成了真人秀明星，他的出生、长大（真人秀拍摄）都在好莱坞一座巨大圆顶下的人造小镇里。剧中虚伪的真人秀制作人解释说，楚门的魅力在于这个小镇绅士认为自己生活在一个田园般的小镇中，过着田园般的生活所产生的纯真和真挚的情感。

　　"乡村"的定义与城市截然相反，然而即使将城市地区定义为"乡村"也不令人感到奇怪。例如，20世纪90年代的电视节目《珍妮》讲述了两个小镇女孩在继承了一套房产后搬到了洛杉矶的故事。剧中表现了她们乡村家庭的简单和乏味、两个女孩的不谙世事以及大都市生活相较于她们乡村生活的优越性，等等，这一系列乡村的刻板印象成为剧中幽默的基调。然而她们的家乡并不是在乡村，而是在纽约的尤蒂卡（当时人口约30万的大城市，比美国的一半以上的大城市都要大）。正如下文所述，文化标准将乡村定义为城市对立面，只要在很大程度上偏离了城市的生活方式和时尚标准，就可以将小城市甚至中等城市定义为乡村。简单地说，住在大城市的人看尤蒂卡就是乡村；然而，从美国非大都市区的视角来看，尤蒂卡是一座城市。

155

## 城市文化中的乡村主题

城市文化将乡村社区的主题分为三类：一是野性的乡村，二是质朴的乡村，三是隐居的乡村。为了理解这些主题如何协同工作，观看三种不同的文化产品（特别是电视和电影）将有助于我们分析这些主题对一致性的乡村意象的塑造。我们首先来看电视剧《北国风云》，因为它对乡村有着相当正面的描述。电影《生死狂澜》与《北国风云》形成鲜明的对比，它描述了乡村居民普遍存在的负面性行为。紧随其后的是迪士尼动画片电影《狐狸与猎犬》。尽管这是一部儿童动画片，但它对乡村居民的刻画与《生死狂澜》很相似。电视剧《珍妮》则以美国东北部一个中等城市为背景，向大家讲述美国小镇的故事。最后，我们会讨论电视剧《双峰》演绎的乡村表象。

### 《北国风云》

1990—1995年，《北国风云》在哥伦比亚广播公司（CBS）旗下的网络电视上播出，其间获得了数项奥斯卡奖和提名。该剧发展出若干情节主线，不过一开始主要围绕医生乔尔·弗莱施曼（Joel Fleischman）展开，该角色由罗布·莫罗（Rob Morrow）饰演。为了偿还一笔债务，乔尔·弗莱施曼搬到阿拉斯加，该州为他支付了哥伦比亚大学医学院的学费，作为交换，他要在那里从事四年的医疗服务。此外，该剧还有一系列古怪的角色，包括由巴里·科尔宾（Barry Corbin）饰演的前宇航员莫里斯·明尼菲尔德（Maurice Minnifield），以及由约翰·科比特（John Corbett）饰演的一位有哲学头脑的前DJ克里斯·史蒂文斯（Chris Stevens）。

该剧一开始的基本情节，主要是关于乔尔·弗莱施曼从纽约市搬到虚构的阿拉斯加州西塞利时的状况。其户外场景在华盛顿罗斯林的真实社区拍摄。虽然该剧提到西塞利拥有大约600名居民，但罗斯林实际上有约1 000名居民，从西雅图到西塞利为大约90分钟的车程。这片临近西塞利的郊野地区，实际上正面临住宅开发的威胁，对乔尔·弗莱施曼来说，这种威胁是可喜的文明进步。该剧试播集表达了乔尔·弗莱施曼打算在阿拉斯加最大的城市安克雷奇（Anchorage）完成四年的医疗服务。在开场时，他对飞机上的一名旅伴说：

別误会我的意思——我不是在开玩笑。安克雷奇不是纽约，但也不是柬埔寨，对吧？你知道安克雷奇有多少家中国餐馆吗？5家，那里还有14家电影院，两家"几乎"符合犹太教规的熟食店，如果我们要把面包冷冻起来，那里的平均温度只比印第安纳州的弗伦奇利克低5度，尽管降水有所不同。

在这一幕中，他对安克雷奇的矛盾心理显露无遗：他担心这里只有5家中餐馆，但又为它们的存在感到欣慰。他希望有一家犹太熟食店，并假设那些确实存在的熟食店能符合他的预期。这是一个人的演讲，他在说服自己。当一名州政府官员告诉他，安克雷奇不需要他，他以为可以回家时，这种情绪就更明显了。然而，他被送到小镇西塞利——这名官员以"阿拉斯加海滨度假胜地"（Alaska Riviera）为卖点说服他去的地方。乔尔乘公交车离开安克雷奇，离开了象征着"文明"的四车道高速公路和现代的城市天际线，驶向两条被森林环绕的狭窄道路。在一处隐藏在树林里的公交车站，他下了车，在那里等着前往西塞利的巴士。许久后，他被埃德接走了。埃德是一个可爱但古怪的印第安人，我们在后几集里会看到，他立志成为一名电影制作人和药剂师。埃德开的那辆旧皮卡，看起来有些擦伤——在这部剧中，这辆车后来是乔尔的。

这些奇怪的角色都体现了"质朴的乡村"这一主题。《北国风云》将这些角色塑造成具有复杂性格但又可敬而质朴的人，并在探索他们阴暗面的同时，对每个人都给予了极大的尊重。当地的地产大亨、前宇航员莫里斯·明尼菲尔德就是一个很好的例子。在整部剧中，他被迫面对一些让他感到不舒服的话题，他成功地挑战了他自己的偏见，虽没有克服它。例如，把房子卖给一对同性恋夫妇后，他被迫与他们合作，甚至还与他们结盟，但这样的姿态从未真正战胜他的同性恋恐惧症，即使与他们关系很好，他也总是把他们称为同性恋。同样，当乔尔抵达他家时，我们可以在开场中看见莫里斯，他穿着蓝色牛仔裤和法兰绒衬衫，这一粗犷的风格也一直延续到他的家居，墙上装饰着各种动物的皮毛和头骨。当莫里斯对乔尔说的话表达了他的偏见：

听着，乔尔，我想借此机会第一个欢迎你的到来。当我听说人们正在嘲笑一个从纽约来的犹太医生时，我立刻跳了出来！你们干得真棒！ 157

因此，这部剧承认来自各方的偏见。而且，它对这些偏见的呈现却非常客观。在整个剧中，莫里斯被塑造成一个最终得到救赎的人，他所处时代和环境引导他最终做出正确的事情。与他的偏见相反，他的野心是建立一个真正的阿拉斯加海滨度假胜地，一个乔尔无法理解的狂野梦想。乔尔被自己的偏见所困扰，第一次看到这个小镇时，他就大声询问莫瑞斯："就是这个吗？这就是那个镇子吗？"莫瑞斯答道："就是这个，这就是西塞利。"莫里斯得意洋洋地解释说这个小镇最早是由一对女同性恋建立的，这当然是一个"恶毒的谣言"。

乔尔一时糊涂，大声说道："我不明白，城里的人都到哪去了？"

莫里斯自吹自擂地回答："哦，快来了，快来了，汉堡王、购物中心，31种选择，一切都会有的。"莫里斯列举了一些他心中高级城镇的特征，一个名副其实的阿拉斯加海滨度假胜地。购物中心和连锁餐厅是这一愿景的核心，而对于乔尔来说，乔尔会用这种愿景将郊区和小镇的单调乏味联系在一起，那里没有高档餐厅和位于第五大道上的购物中心。即使在谈到理想的社区时，他们俩也无法就该社区应是什么样子达成一致。对于乔尔来说，他的理想社区是位于城市文化体系巅峰的纽约，没有必要做出任何的调整。对莫里斯来说，他的理想社区比西塞利更城市化，这是一个有待实现的目标，但仍达不到纽约市的高度。乔尔对小镇生活感到震惊，于是他第一时间在一个酒吧给指派他来这里的州政府官员打电话。当他得知曾经签署的合同要求他留在西塞利时，乔尔在电话里喊道：

> 你说："如果我不喜欢，我可以离开！"是的，我不喜欢它，我讨厌它！我要求离开！我不是那个要在这被上帝遗弃的猪圈里和一群肮脏的乡下人一起生活四年的人！

在这句话中，乔尔同时提及了"质朴的乡村"和"野性的乡村"两个主题，当地人被看作纯粹的乡下人，既不像城里人一样爱干净，也可能会有一些心理问题。

"质朴的乡村"也通过其他方式表现出来。这些建筑都很古老，与其说是缺乏投资，不如说在建筑上奉行实用的保守主义，有些房子甚至没有铺瓦和刷漆。

"野性的乡村"拟像往往与"质朴的乡村"重叠，但也可以被视为一个独立的主题。在北方拍摄过相当多以森林和山脉为主题的电影，《北国风云》中就有大量森林和山脉的镜头。即使是乔尔，当他第一次从乡村小屋中看到这些景色时，也对四周环绕的山峦和树林赞叹不已。当然，作为一个来自纽约的医生，乔尔需要一个好的高尔夫球场，而这是西塞利所缺乏的。随后乔尔在埃德的帮助下建造了一个临时球场，在之后的很多剧集中埃德都扮演着乔尔的球童。

《北国风云》探索了"野性"的极限，它一开始声称西塞利是野性的，后来又加入了一组将西塞利文明化的人物。其中最好的一个可能是亚当，他在当地神话中被描述成"大脚怪"，会偷东西并且有着巨大的脚印。在第一季的后半段，乔尔的卡车在森林里抛锚了，他得到了亚当的帮助。亚当是个身材高大的隐居者，脾气暴躁却拥有世界级的厨艺。亚当的角色在整个系列中多次出现，他甚至有一个爱人，虽然他经常和自己的爱人吵架，但他称这是他的挚爱。他爱人是一名抑郁症患者，经常需要医疗，在小镇却得不到切实的治疗，因此这往往会把他们带到"文明社会"。这部剧在这对夫妇身上找到了"荒野"的矛盾之处，因为它暗示着这些隐士，就像他们生活在森林中一个摇摇欲坠的小屋里一样，偶尔会在世界各地飞来飞去，并拥有令人羡慕的熟练技艺和品位。

"隐居的乡村"在《北国风云》中尤为凸显，但乔尔在该剧的大部分时间都在反抗乡村生活体验，因为他认为乡村是文明生活的对立面。然而，正是这种假设——乡村与城市的对比，最终引出了"隐居的乡村"这一主题。这部剧以城市游客为主线，最后是一对雅皮士夫妇取代了乔尔，他们把居住在阿拉斯加的郊野视为逃离城市和主流压力的一种方式。事实上，这个小镇的确由一对同性恋夫妇建立，他们希望能在阿拉斯加的郊野中获得隐居。

### 《生死狂澜》

1972 年，电影《生死狂澜》一上映便获得影评界的一致好评，同时也荣获多项奥斯卡提名，并推出了热门歌曲《班卓斗琴》（*Dueling banjo*）。电影描述四个"普通"的亚特兰大商人决定乘坐独木舟沿着虚构的乔治亚州（Georgia）卡胡拉瓦西河（Cahulawassee River）顺流而下。卡胡拉瓦西河很快就会被水库淹没，以用来做水力发电项目，为不断发展的亚特兰大市区供电，这部电影便根据这一系列事件改编。因此，它的中心主题是为了大城市的利益而征服自然，生活在那里的"野人"必须为"文明"腾出空间。影片开头的配乐暗示了这次旅行的目的：

我们周五从亚特兰大出发，我会让你及时回到郊区的小房子，观看周日下午的足球赛。

然而，在这个过程中，这些人遇到了许多袭击他们的乡下人，其中有一人被杀。四人决定隐瞒这一事实，并由此引发了一系列事件，导致更多的人死亡，但最终没有人因此受到惩罚。

电影的一开始，"质朴的乡村"显而易见。就像在《北国风云》中，"淳朴的乡下人"被表现为"他者"。然而，与《北国风云》不同的是，在《生死狂澜》中没有相互误解的余地，底层社会的乡下人被塑造成不近人情的形象，在向急流射击时表现出与住在郊区的普通中产阶级居民之间鲜明的对比。在拍摄激流枪战戏之前，这四个商人需要当地居民将他们的车辆移到下游的着陆点。当伯特·雷诺兹（Burt Reynolds）饰演的刘易斯（Lewis）试图向当地的"乡巴佬"解释他们想做什么时，当地人用怀疑的眼神看着他，疑惑为什么有人想乘坐独木舟顺流而下，他惊叫道："我想你们不明白。"这一场景预示着潜伏在下游的危险，但也暗示了郊区居民对乡下人的一种假设：他们无法理解我们。在下一个场景中，加油站里由罗尼·考克斯（Ronny Cox）扮演的德鲁（Drew）正在弹着吉他，而刘易斯则试图寻找愿意把卡车运向下游的人。接着一个"头脑迟钝"，显然没有其他交流能力的乡下男孩加入了德鲁的弹奏。这个男孩会弹班卓琴，他和德鲁一起演奏了《班卓斗琴》，这首歌最终登上了公告牌（Billboard）排行榜的第一名。可见，音乐可以跨越两类人之间的社会阶层和地方文化差异。

虽然来自亚特兰大的四名商人被描述成"正常人"，但是传达"正常"的唯一方式是："我要让你回到郊区的小房子里去。"郊区的吸引力隐含了一些含义：中产阶级的收入和价值观、着装规范、礼仪和整洁。相比之下，乡下人的表现方式与都市人所假定的正常不同，剧中同意帮忙搬车的人便是体现二者差异的一个典型例子。他的院子里到处都是年久失修的旧汽车，散落着桶、工具和其他各种各样的"杂物"，这与郊区修剪整齐的院落大不相同。他近乎完美的言谈举止违背了其所属的社会阶层，因而让许多"城里人"感到奇怪。

"野性的乡村"是《生死狂澜》的中心主题。然而，人们对郊野的看法因其定义的差异而截然不同。对荒野的一种定义是自然，而《生死狂澜》中的四个人正是去自然中探险。上船之后，河水流经的阿巴拉契亚峡谷是美丽的，同时沿河激流所带来的挑战也显而易见。因此，自然为体能挑战提供了一个背景，即这种挑战能强化个人能力。正如刘易斯所言，对自然的敬畏是显而易见的。"当第一批探险家看到这样的自然场景时，他们和我们有一样的感受……你要打败它（即自然），才能打败这条河。"

"文明人"可以试图战胜自然，而不是作为自然的一部分。在一个片段中，由约翰·沃伊特（John Voight）扮演的埃德有机会射中一只鹿，但他不敢开枪。在解释这一情形时，一个朋友说："我不会射杀动物"。尽管大多数郊区居民吃肉，但他们并不直接参与肉制品的加工，大多数人与饲养和宰杀食物是区隔的。从某种意义上说，正是这种特性使人"文明"。因此，《生死狂澜》中的"野性"反映了对自然的一种定义：被征服。人们倾向自然是没有人类居住的，当然，那些想要居住在大自然中的人自身也须是野性的。

在《生死狂澜》中最臭名昭著的一幕里，四人乘坐独木舟分开行动，并遇到了这样的"野人"。由内德·贝蒂（Ned Beatty）扮演的鲍比（Bobby）和埃德在树林里洗了个澡，遇到了两个乡下人。当被问到近况时，这个乡下人简单地回答道："你到底在干什么？"鲍比和艾德认为，这种糟糕的互动是由于这些乡下人正在参与一些非法活动，比如非法走私蒸馏酒，尽管确切的罪行性质并没有在电影中说明。然而，对乡下人的目无法纪的暗示进一步演变成了暴力倾向。乡下人占据了上风，迫于枪口的威胁，鲍比和艾德被绑在一棵树上。其中由比尔·麦金尼（Bill McKinney）扮演的乡巴佬命令鲍比脱光全部衣服，先是命令他脱掉裤子，然后是衬衫，最后是"内裤——脱下它们"。接着鲍比被人扇了一巴掌，然后在树林里被追着跑，结果被抓住，耳朵一扭就被打倒在地。麦金尼饰演的无名角色抚摸着鲍比的胸膛，说："嘿，孩子，你看起来就像一头猪。"他要求坐在鲍比的背上，而后当鲍比背着麦金尼爬不动的时候，乡巴佬说："看来我们得到的是一头母猪而不是野猪。"当麦金尼发出"像猪一样的尖叫"时，鲍比便重复着学猪叫。从远处看，麦金尼饰演的角色在他和鲍比轮流"尖叫"时脱掉了裤子。"尖叫"指的是鲍比在被性侵时发出的一声痛苦的尖叫——啊哈！埃德只能无奈又厌恶地把目光移开。

强奸场景结束时，赫伯特·考沃德（Herbert Coward）饰演的另一个乡下人仍然拿着枪指着埃德，不露齿笑着，接着转向麦金尼所扮演的角色，说："他的嘴真漂亮，不是吗？"在那一刻，路易斯射出的箭穿透了麦金尼的角色，挽救了两

160

人，并开启了电影的后半段。

四人就是否通知当局展开了辩论，路易斯大声反对并争辩道：

> 妈的，这些人都是亲戚！如果我要回到这里和这个人的叔叔婶婶一起受
> 审，那我就死定了，他的父母会坐在陪审席上。

161 　　换句话说，山里的乡下人是近亲繁殖，这就意味着：① 路易斯不能得到公正
的审判。② 对待他们的方式与普通郊区居民不同。因此通知当局是不可行的，然
而这一决定将造成下游更多人的死亡。

不通知警方的计划是基于"隐居的乡村"这一主题。由于水库会淹没山谷，
而埋在山谷里的尸体将永远找不到。事实上，电影结尾时警长似乎明白这一点，
他把他们放走了，并建议他们"永远不要回来"。

### 《狐狸与猎犬》

虽然迪士尼的动画电影《狐狸与猎犬》上映于1981年，但还是展现了许多乡
村刻板印象的主题。这部影片讲述了一只狐狸和一只久经训练的猎犬之间的友谊。
狐狸的母亲被猎人射杀后，善良的老妇人收养并驯服了这只小狐狸。尽管狐狸和
猎狗在年轻时关系亲密，但随着年龄的增长，它们的对立性变得愈发明显。在电
影的结尾，猎狗和它的主人试图在一个禁猎区杀死狐狸。但是后来，狐狸冒着生
命危险把猎狗从熊的攻击中救了出来，所以当猎人试图杀死狐狸时，狗毅然站在
了狐狸和枪之间。

《狐狸与猎犬》中并没有明确提到城市，因此城乡的二元分割是通过使用西方
文化中的几种形式来实现的。首先是农人和猎人之间的关系。如前所述，与未开
化的猎人（或觅食者）相比，农民文明化的主题已由来已久，例如在《吉尔伽美
什史诗》中就已对该问题展开了讨论。在《狐狸与猎犬》中，农人是一位善良的
老妇人，被猎人称为"寡妇"，她收留了狐狸。她的农场很具有吸引力，有一个修
剪整齐的院子，有一间粉刷得很好并点缀着浅蓝色装饰的黄色房子，还有一间红
色的谷仓。森林的对面住着一个叫阿莫斯·斯莱德（Amos Slade）的猎人。他
的院子类似于《生死狂澜》里的乡下居所，棚屋用最原始的木头堆砌而成，猎狗
不是睡在狗舍，而是睡在桶里的。就像《生死狂澜》里的乡巴佬和《北国风云》

里的大部分小镇居民一样，他也开着一辆摇摇欲坠的卡车。

城市和乡村差异也通过性别表现出来。毕竟，阿莫斯·斯莱德是一个底层社会的男人。这使得他与《生死狂澜》中的那些乡下人具有相似的特征。他被塑造成一个粗鲁的人，缺乏中产阶级（城市）应有的礼仪，他平日里只穿秋裤走进院子，对着几乎所有的东西大喊大叫。他最初的猎狗"酋长"是"斯莱德"的犬类版本，二者说话时都带着一种令人不安的南方长调，意在传达与《生死狂澜》中一样的形象。例如，在狐狸和猎狗相遇之前，猎狗酋长和小狗库珀有如下交流。

> 酋长：嘿，库珀，你在嗅什么？
> 库珀：首领，我以前没闻到过这种味道。
> 酋长：哼，让我看看……哼，狗屁！那很简单，这是在煮粗面粉和肥肉，你应该知道的。
> 库珀：嗯……那不是我闻到的。我不知道是什么，首领，好像是其他东西。
> 酋长：哈哈……孩子，你得学会怎么运用嗅觉。

162

阿莫斯·斯莱德的说话方式也与酋长相似，但作为影片中的男主角，他在交流中相当粗暴。在一场与寡妇的冲突中，狐狸托德在她的房子里，阿莫斯一边敲着她的前门一边威胁她。

> 阿莫斯：寡妇，快出来！（她打开门）
> 寡妇：为什么，阿莫斯！怎么是你……
> 阿莫斯：它在哪里？它在哪里？我知道它在里面！（他将枪对着她）
> 寡妇：等一下，你不能闯进我的房子，阿莫斯·斯莱德。
> 阿莫斯：你收养的那只狐狸差点杀了酋长，我要去抓它，你不能永远把它藏起来。

在与暴躁的猎人交锋时，寡妇坚持了自己的立场。在电影的结尾，她继续照顾受伤的狐狸，扮演了一个养育者的角色。

在《生死狂澜》和《狐狸与猎犬》中，对乡村底层男性有明显的刻板印象，这与一种更广泛的文化模式相对应：对"男性的另一面"的刻板印象是暴力和不可预测，这在城市社区中也很常见，另一种在美国大都市地区普遍存在的固有印象是对黑人的偏见。与其形成鲜明对比的是，黑人女性越来越被定型为"具有异国风情的性感美女"，比如艺术家碧昂斯（Beyonce）；《狐狸与猎犬》中的乡村寡妇，也被描绘成一个"受人尊敬"的角色。

"质朴的乡村"和"野性的乡村"就这样交织在一起。"寡妇"反映的是"简单的乡村生活"，而阿莫斯·斯莱德则代表着"野性的乡村生活"。前者很冷静、有礼貌，而后者却有无法控制的脾气和暴力倾向，同时他也是无法无天的。当寡妇带着托德来到一个郊野保护区时，它就可以获得安全——这便是"隐居的乡村"。因为阿莫斯带着库珀四处打猎，这样他就可以报复狐狸了（他认为狐狸要为酋长的断腿负责）。阿莫斯和库珀来到禁猎区，看到一块牌子上写着："此处禁止狩猎。"猎人粗声粗气地对库珀说："不许打猎！好吧，现在我们什么都不做了，对吧，库珀？！我们只会抓到一只没用的狐狸。"然后他笑着用钢丝钳把栅栏剪开，这显然是在藐视法律。

### 163　　《珍妮》

电视节目《珍妮》是《花花公子》的封面女郎珍妮·麦卡锡（Jenny McCarthy）的个人喜剧秀。虽然录制了17集，但由于观众对该节目的热情并不高，1997年和1998年间这部节目只播出了10集。1997年，影评人雷·里士满（Ray Richmond）很好地总结了这部剧的基本理念：

> 你能在MTV的《单身贵族》（*Single Out*）节目上见到她，你也曾在《花花公子》里见过她。现在，让我们来介绍珍妮·麦卡锡所扮演的角色——一个小镇上的乡巴佬变成了好莱坞的搬运工的故事。这是珍妮·麦卡锡：它是一个情景喜剧，并不像你担心的那么痛苦。这已经是有史以来最有趣的喜剧了，讲的是来自纽约州尤蒂卡的两个傻乎乎的白人小孩。

这部剧的幽默很大程度上是基于这些搬到大城市的"小镇乡巴佬"。珍妮·麦卡锡饰演的珍妮·麦克米伦（Jenny McMillan）在得知父亲去世的消息后，搬到了洛杉矶。珍妮和她最好的朋友麦琪·马里诺（Maggie Marino）〔由希瑟·佩吉·肯特（Heather Paige Kent）饰演］一起前往洛杉矶接受她的父亲的全部遗产。两人并没有打算变卖遗产，而是决定永久地搬到洛杉矶。

问题是，作为一个拥有30万人口大都市区的中心城市，尤蒂卡并不是一个真正的"小镇"。事实上，美国一半以上的城市都比尤蒂卡小，包括乔尔·弗莱施曼本要去的安克雷奇。2000年，尤蒂卡罗马大都市区有近30万名居民，在美国366个大都会区中排名第148。直到2010年这里的人口数量仍然稳定。在某种程度上，尤蒂卡之所以被人认为是一个"小镇"，是因为该地区的去工业化。这意味着投资不足，而这一现象经常在乡村地区出现。例如，在第五章曾讨论过，尤蒂卡大都市区比默特尔·比奇人口更多。

像尤蒂卡这样的大都市区不为人熟知的另一个因素在于，大多数美国人生活在比它大得多的大都市区里。2009年，有9 847万人居住在美国的十个大都市区内，从大亚特兰大的583万人到纽约的222万人不等。事实上，仅在纽约和洛杉矶等大都市地区就有超过4 000万人居住，超过美国人口的十分之一。确切地说，有超过一半的人（约1.65亿）生活在人口超过100万的大都市地区。即使是经常被媒体重新定义为"乡村"的纽约州北部，也有348万人生活在人口100万以上的大都市区里。对于大部分城市居民来说，尤蒂卡可能看起来像一个"小镇"。然而，一个生活在距尤蒂卡30英里之外的小镇上的居民曾说："如果生活在尤蒂卡的人都是乡巴佬，那我又算什么？"（引自Thomas，2003：124）。

然而，尤蒂卡的确太大了，所以不会被误认为是一个乡村小镇。从这个意义上说，尤蒂卡被视为主流城市文化的一个缩小版——这是一个不会被忽视的小地方，而且仍然被认为是"主流"的一部分，即使是一个低端版本。2002年，一个搬到尤蒂卡的纽约人写了一篇评论来阐明这一点。

164

> 尤蒂卡是个好地方。它足够大，有你需要的商店，有一些真正的城市所需的便利，例如一个像样的博物馆，一个动物园。但这里没有麻烦，没有太多的交通问题和犯罪行为。所以这是一个小城市，但不是一个乡下小镇。它拥有一个完美的城市生活组合，也没有生活在大城市的糟心事。

通常，尤蒂卡被认为是一个"工业城镇"，而不是一个小城市或乡村小镇，这个词反映了尤蒂卡的边缘地位。然而，它的规模也意味着，与乡村有关的友好的刻板印象——自然、质朴并不属于尤蒂卡，而其观念陈旧的负面刻板印象却持续不断地显露出来。

大城市与后工业经济的主导性趋势相联系。但这对一个小城市来说是困难的，因为大量的工业基地已经被外包所削弱，企业总部和其他白领岗位已经转移到大城市。对于像尤蒂卡这样的城市来说，这种全国性的演化趋势使得服务业成为经济发展的主要推动力，而教育、医疗和零售等服务行业往往会集中在人口密度高的地方。在第三集，当两个女人同意去洛杉矶找新工作时，珍妮嘲笑了这种经济上的边缘化：

> 珍妮：在我们开始找工作之前，让我们先达成共识，不要再找没有前途的工作了。
>
> 麦琪：对，那不是尤蒂卡。我们可以找到很酷的工作。

我们可以这样理解：小城市为"失败者"提供"没有出路的工作"，而大城市则提供"很酷的工作"。这就是另一种刻板印象，即乡村是枯燥的。

小镇生活是无聊的，这是"质朴的乡村"造成的必然结果。将乡村与质朴等同起来，便意味着复杂性就与城市生活联系在一起，并更令人兴奋。当珍妮决定穿舌环的时候，理由是"这是尤蒂卡不可能做的事情，那里没有人穿舌头……"以及"我们作为小镇呆子的日子已经结束了……"显然，小城镇不仅枯燥乏味，而且来自小城镇的人都是"呆子"，即便这个小镇是一个拥有30万人口的都市地区。

这部情景剧对"野性的乡村"这一主题的态度同样消极。《珍妮》没有提到"野性"这个概念，部分原因是尤蒂卡太大了，不适合"野性"这一词。然而，"野性"隐含的未知和其他负面含义是该剧处理这一主题的核心。在这种情况下，"野性"是离经叛道的，就如同在《生死狂澜》中的"乡下人"的表现。然而，珍妮和麦琪都是女人，因此对她们的刻板印象没有《生死狂澜》里的男人或《狐狸与猎犬》中表现出的暴力倾向，但她们被认为是不成熟的。然而，《狐狸与猎犬》中的寡妇因其保守的观点而惹人喜爱，而《珍妮》中的年轻单身女性却被人诟病。她们渴望引起洛杉矶"真正的男人"的兴趣，得到他们的关注，但常常无能为力。当二人受邀参加马里布（Malibu）的一个聚会时，展开了以下对话：

　　珍妮：我们终于要和真正时髦、酷的人在一起了。

　　麦琪：那你打算穿什么呢？

　　珍妮：印花牛仔裙。

　　麦琪：哦。

　　珍妮：什么？

　　麦琪：嗯……这是一个很前卫的聚会。我的意思是，如果我们想合群的话，我们需要那种写着"洛杉矶"的衣服——那件印花上衣有点像在大叫，我来自"尤蒂卡"。

　　珍妮：蓝绿色迷你短裙？

　　麦琪：尤蒂卡。

　　珍妮：深蓝色的连体裤？

　　麦琪：尤蒂卡监狱。

　　这种交流传达了两方面的意思。首先，无论二者如何定义，洛杉矶人被认为比尤蒂卡人"更好"。实际上，在第一集中麦琪就抱怨："是什么让尤蒂卡长出了男人的屁股？"第二种看法是，在尤蒂卡不会出现时尚潮流：尤蒂卡和其他的美国小镇都太偏远，无法跟上这种潮流。当然，这个观点建立在城市品位优于乡村的假设之上，而不仅仅是因为城市人口更多，所以城市品位占据了主导地位。对这一场景更微妙的解读也揭示了一种潜在的肤浅认知：对一个群体进行文化划分的方式有多种，比如教育、种族和民族背景等，而珍妮的假设是时尚才是最重要的。当然，这也可能是因为剧中角色的需要。

　　"小镇女孩"未能达到城市标准，不仅仅在于品位不佳，事实上，已经上升到了歧视的程度。这两个女人被认为低人一等，她们不成熟是因为她们的小镇背景难以让她们在大城市获得"成功"。值得称赞的是，她们确实尝试过，但这种幽默是建立在她们的缺点上的。她们不仅没有准备好，而且几乎没有能力，或者说至少那些更令人讨厌的角色是这样认为的。当珍妮父亲的律师试图说服她和麦琪回到纽约时，她低声对她们说道："洛杉矶是一个非常可怕的城市……糟糕，可怕！！"这是因为小镇上的人们还没有准备好在这样的大城市生活，而是更倾向继续做一个平凡的人："回到你的小屋去吧，嫁给当地一对叫巴克（Buck）和波（Bo）的好男孩，加入保龄球联盟然后生个孩子，因为这个镇子会成为你的生活的全部。"

166  《珍妮》传达的中心思想是对"隐居的乡村"这一主题的颠覆。尤蒂卡太过平凡，不可能成为一个逃避都市生活的首选，反而表达了人们逃离尤蒂卡的愿望。通过选择一个中等规模的城市作为美国小镇的象征，与美国乡村有关的刻板印象便能成为幽默的基础，同时也包含了逃离城市生活的渴望。因此，我们可以认为这部真人秀是基于城市文化中所包含的逃离平凡生活的渴望，同时也反映出人们把美国第二大城市视为迁移的目的地。这一主题与20世纪60年代的情景喜剧《贝弗利山人》（*Beverly Hilbilies*）类似。剧中居住在欧扎克山脉（Ozark Mountains）的希尔比尔家族搬到了加州的贝弗利山庄。然而在《贝弗利山人》中，幽默在很大程度上源自人们的相互误会，而就《珍妮》而言，对尤蒂卡的嘲弄是大部分笑柄的来源。

### 《双峰》

由大卫·林奇（David Lynch）和马克·弗罗斯特（Mark Frost）作编剧的电视剧《双峰》充分体现了当代流行文化中关于乡村隐居、野性和质朴的主题，但它是本章最复杂的案例之一，因为它打破了许多对乡村的刻板印象。《双峰》最早于1990年至1991年在美国广播公司（ABC）的网络电视上播出，它不仅广受欢迎，同时获得了评论界的认可，这说明其某些特质在评论界和观众中引起了广泛共鸣。此外，《双峰》展现了非比寻常的持久力，在2007年被《时代》杂志评为"史上百佳电视剧"之一（Ponie-wozik 2007）。除了持续的大力支持，《双峰》的粉丝们还发起了一场持续的虚拟宣传活动，希望以DVD的形式发行该剧（2010年CBS完成了此事）。在关于乡村的研究上，《双峰》也因其多样性而引人入胜；在林奇和弗罗斯特撰写剧本时，他们分开创作了不同的情节。总而言之，这部剧所引起的公众关注和广泛好评不能简单地解释为林奇和弗罗斯特的能力，也不能简单地归结于演员的号召力。

两小时的试播集确立了该剧的核心情节，并且通过第一季的中心内容——对返校节皇后（queen）高中生劳拉·帕尔默（Laura Palmer）谋杀案的调查——迅速介绍了剧中的人物。这构成了以"野性"乡村为主题的前提。帕尔默的裸尸在黎明时分被发现，"裹着塑料"，躺在华盛顿州双峰镇的一条河边——这里靠近加拿大边境。随着剧情的展开，观众逐渐熟悉了该剧的主要角色与场景，包括强调"质朴的乡村"主题的帕克伍德锯木厂和大北方酒店。锯木厂的墙壁由原木搭建而成，里面有大量的动物标本，还有些标本被放置在不太引人注目的角落里。随着联邦调查局戴尔·库珀（Dale Cooper）[凯尔·麦克拉克伦（Kyle MacLachlan）饰]的到来，这一剧中四个相互交织的故事得以展开（Polletta，2006）。库珀探员对劳拉·帕尔默凶杀案的调查引出了在双峰镇看似健康的外表里面酝酿着的浪漫和阴谋，包括劳拉·帕尔默的隐私生活，双峰镇内外的犯罪活动，以及它周围神秘"野生"树林的真相渐渐浮出水面。

167

　　从表面上看，《双峰》是一部标准的悬疑片。该剧因发现劳拉·帕尔默的尸体以及当日发生的事件而展开。这两个事件中多数主要角色均已出镜，尤其是特别探员戴尔·库珀，他的出场是因为劳拉的尸体在美国和加拿大边境被发现，以及这起案件和华盛顿曾经出现的几起谋杀疑案有相似之处。库珀被描绘成一个专业性强又个性十足的人，他在开车去双峰镇的时候向素未谋面的秘书邓恩（Diane）讲述了自己的故事。邓恩是城市系统的专家，几乎立刻与这个小镇的居民建立了友好关系。库珀同时是一个大型执法部门的刑侦人员，承担了谢里夫·哈里·杜鲁门（Sherriff Truman）[迈克尔·安特凯恩（Michael Ontkean）饰]凶杀案的调查工作。库珀具备当地执法部门所不具备的专业知识，这与"质朴的乡村"主题一致，但在调查过程中，他同时尊重当地人以及他们的知识和想法。库珀的同情心甚至让他为谢里夫·杜鲁门的虐待指控进行辩护，后者遭到了另一位联邦调查局特工和法医专家阿尔伯特·罗森菲尔德（Albert Rosenfield）的调查。简而言之，库珀采用了一种新的实践形式（Giddens，1986）——利用城市中所学的专业知识和资源——来履行他的职责，但同时拒绝贬低或嘲笑与他一起工作和生活的乡村人。相反，他不断地称赞这个地方的美丽——反映了乡村的"隐居"和"野性"，以及当地人的友好和慷慨——反映了乡村居民的"质朴"。

　　从一开始，《双峰》的大量剧情就致力于表现小镇健康外表下的各种浪漫与勾心斗角。这些内容在第一集就表露无遗，观众马上就能看出劳拉·帕尔默有着一段隐秘而纠结的浪漫之旅，这段经历与她的死亡交织在一起。这些爱情线索对故事的推进起到了重要作用，因为它们暗示了犯罪活动的可能动机。这一现象值得深思，它们赋予了双峰镇居民老练与狡猾的性格，表明他们情感和浪漫生活背后与城市居民一样复杂且肮脏。

　　同样，在试播集中，《双峰》也揭示出小镇是一个隐藏异常行为的"野性"之地，这一点类似电影《生死狂澜》。劳拉·帕尔默作为一名优等生、返校节"皇后"和慈善志愿者，曾参与过各种各样的越轨活动，包括卖淫和吸食可卡因，她成为《双峰》镇的一个缩影。而在后续的剧情中，这个小镇被揭露出是某个（城市）可卡因走私网络的一部分，是可卡因从加拿大转移到美国境内的分销点。这

**168** 些犯罪与相关的贪污受贿同时被揭露出来，如针对帕克德锯木厂命运的阴谋。这破坏了双峰镇作为一个健康社区的形象，这种健康形象在某种程度上源自它相对独立于城市。双峰镇的种种遭遇与更大人口规模的其他社区有关，并且由于缺乏应对这些问题的经验，它显得更为脆弱。例如，对劳拉·帕尔默的残忍杀害和对她隐私生活的揭露，已经超出了当地执法部门的经验范围。库珀通过赞扬双峰镇执法部门的相对清白，而非抨击其无能，为执法部门抵御外界的批判进行辩护，这种做法与他对双峰镇居民的态度一致。随着剧情的发展，库珀不断表达了他退休后想去双峰镇生活的愿望。

值得注意的是，《双峰》影片中乡村"质朴""野性"和"隐居"的概念是一个不可分割的整体。这个小镇的发展与其乡村风貌和资源不可分割——大北方酒店和帕克伍德锯木厂是小镇上最大的两家雇主。此外，劳拉·帕尔默被谋杀，以及她在被谋杀前和高中同学、妓女罗内特·普拉斯基（Ronette Pulaski）所忍受的暴力性行为，都发生在双峰镇外树林中一节废弃的火车车厢里。库珀在调查中发现，劳拉录制了大量的录音带以供其精神科医生雅各比为其治疗，其中记录了劳拉在树林中与一名神秘男子的邂逅。双峰镇郊外的"野性"森林变成了犯罪行为的"庇护所"，如劳拉·帕尔默被谋杀、树林中的藏匿着可卡因和背后的走私行为，"野性"森林也是劳拉的朋友们为试图破解谋杀案而秘密会面的接头点。一家称为"独眼杰克"（One-Eyed Jack's）的赌场兼妓院，也坐落在加拿大边境的森林里。

除了这些犯罪行为，双峰镇周围的树林是积极正面的，它们提供了通往另一个现实的途径。在试播集中，劳拉·帕尔默的母亲目睹了劳拉被谋杀的场景，随后又看到了一个神秘男子（"鲍勃"）。后来，库珀认识了一位叫"木头女"的当地居民，她抱着一根木头，声称通过和木头的交流可以帮助警方提供线索。库珀还知道了"书屋男孩"（Bookhouse Boys）这个由当地男子组成的秘密组织，成员包括雪莉·杜鲁门（Sherriff Truman）和副手霍克（Deputy Hawk）。杜鲁门说，他们享受与外界社会的相对独立性以及伴随而来的各种问题。"书屋男孩"的

成员也承认，除了一些世俗的问题，如毒品走私等，他们还必须防范森林里未知的"黑暗"。随着剧情的展开，库珀做了一个奇幻的梦，他在一个红色的房间里遇到了一个侏儒和劳拉·帕尔默。库珀随后了解到当地有关黑白小屋的传说，在这个传说中，每一个黑白小屋都有着强大的灵魂，而这些小屋的入口都位于森林的某个角落。库珀最终发现劳拉·帕尔默的谋杀案与这些小屋有关，并通过从这些灵魂中获取信息，才解决了这一悬案。

169

　　上文对乡村的看法表明，我们必须用当地的知识来解决犯罪问题，这表现了乡村并不是想象中的那么"简单"，同时也暗示着"荒野"令人着迷（Weber，1958）。这种观念无法用理性和科学来解释，但并不强调放弃理性和科学。通俗地说，《双峰》展现了一种对乡村生活的矛盾看法：许多村民被认为具有独特的个性和怪癖，但也表现出智力上的多元性、坚决性和富有同情心。事实表明，乡村从城市分离，遭受经济全球化、有组织犯罪和毒品贸易的影响。最后，乡村被认为与当地的特性有着千丝万缕的联系，这些在地性与城市不同，因为它们有着"神秘"的力量。乡村居民对周围环境也有着不同层面的理解，他们拒绝被纳入城市的范畴。因此，《双峰》以多种方式呈现了质朴、野性和隐居的乡村主题，但与本章所分析的许多其他文化作品相比，它所描述的形象更为矛盾与复杂，不局限于乡村的三大主题。最后，我们想为《双峰》喝彩，因为它比大多数电视节目或电影拥有更广阔的视角，在剧中把乡村生活的复杂与简单、野性与驯化、逃避与发现描绘得恰到好处。

## 文化和空间

　　空间会结构化社会互动，从而影响一个地区的文化生产。同样，文化本身也会影响空间。以特定方式定义乡村的文化将创造出反映这一观点的文化产品，而这些艺术产品，无论是在艺术上、电视上，还是于科学本身，都将强化和再生产以城市为中心的文化。

# 第三部分回顾：哈特维克的文化

171  文化经常以一种统一的方式来指代一个群体的行为和知识模式。因此，流行文化通常指代"美国文化"或"拉丁美洲文化"，仿佛这一概念准确地描述了当下的社会现实。许多社会科学家对这种文化的"宏观"观点提出了质疑，尤其是那些认同符号互动主义和社会建构主义的学者（例如 Burger & Luckmann, 1967；Blumer, 1969；Kohl, 1998）。事实上，正如前文提到的哈特维克乡表现的那样，社区由多种"文化"构成，这些"文化"在特定的社会网络中通过社会互动而不断复制。

  在哈特维克发现的亚文化似乎反映了纽约州东北部乡村地区的普遍情况（Haley & Wilcoxo, 2005：432）。我们认为，在绝对主导的美国民族身份下这些亚文化彼此紧密相连，但它们也具有成为民族创始（ethnogenesis）候选的特征，即"出现新群体和新身份"（Haley & Wilcoxon 2005：432）。民族创始涉及制造一个独特的民族身份，这一身份是"社会背景化的，可建构、可被操纵的，同时具有政治和情感动机"（Haley & Wilcoxon 2005：433）。这种民族身份不一定要植根于真实的历史或民族条件之上。哈利和维尔科克松（Haley & Wilcoxon, 2005）证实，一个称为"新楚玛什印第安人"的群体是在数百年的时间里发展起来的，在这段时间内，他们经历了多次种族身份的变化。事实上，许多新楚玛什人实际上是西班牙殖民者的后裔，其现代民族身份的产生是由于当下的社会政治环境有利于土著居民而不是殖民者，以及联邦政府在楚玛什的利益。同样，福斯特（Faust, 2007）展示了早期以色列物质空间环境记录的巨大转变，

172 揭示了一种重新界定民族边界的类似模式，特别是由于邻近群体的对立为民族的重新定义创造了成熟的条件。哈特维克在演化出新的文化身份吗？目前还没有，但其具备的条件似乎有利于社会身份认同的某些转变。

  哈特维克的亚文化已融入社交网络之中，在一定程度上这种亚文化是基于社会阶级的差异，但也以就业地点为基础。例如，库珀斯敦巴塞特医疗中心的工作人员在社区中形成了一个超越社会阶层的"集团"，尽管阶级划分仍然明显。另一种社会差异是基于"出生地"（nativity），那些从别处搬到这里的人，甚至从父母那代就搬过来的，与那些土生土长的人是不同的。因此，在社会交往中存在多种明显不同的语言模式。许多中产阶级和专业人士说话带着"五大湖"的口音，

这种口音在整个区域十分普遍，也存在于电视广播之中。相比之下，许多当地人，尤其是社会经济地位较低的人，说话时常带着"阿巴拉契亚的鼻音"，类似于美国南部慢吞吞的调子。前一种口音把单词"creek"读作"creke"，而后一种口音则把它读作"crick"。此外，纽约大都会区居民的大量涌入意味着许多人带有纽约州南部的口音，这种语言上的差异会导致资源获取的不同机会，足以引发该地区小级别的冲突。

各种亚文化都被一种基于家庭关系和居住社区的归属体系所覆盖。哈特维克的居民，特别是那些不在医院工作或工作地位较低的人，在这一体系中处于特别不利的地位。一些居民认为当地学校系统存在歧视，这也是库珀斯敦居民和学校官员所长期争执的焦点，这些学校官员并没有意识到其行为（特权阶级的典型行为）不当。地缘关系（affiliation）可以被家庭关系所超越，因此这个体系相当复杂。那些不在该社区出生的外来者，没有基于家庭关系的地位归属，大多数情况下要依靠其社会经济地位。

人们对主导性城市文化的态度由这些地方性的文化要素所塑造。中产阶级和上层阶级的成员，以及许多新进入这一地区的人，最有可能对主流文化持积极态度。这些居民已经内化了城市的主流范式和价值观，在家居装修和穿衣上常常和大城市里的人没两样。然而，在那些社会经济地位较低的人群中，这些城市主流范式被视为导向歧视的文化机制，这个观点或许是正确的。地位较高的人会用"乡下人"和"乡巴佬"这样的词来形容他们，嘲笑"阿巴拉契亚人的鼻音"，还会开玩笑嘲笑某个小镇的居民太"落后"。

其结果是，哈特维克表面上的人口稳定是由中产阶级年轻人的稳定外流（其中一些人返回了该地区）和受过良好教育、比"当地人"更富有的外来人口的持续涌入来维持的。无论"本地"与否，大多数中产阶级都有一些和"外部"打交道的经验，他们通常都有在大都市区或大城市生活的经验，即便仅在城市里度过了大学时光。相比之下，许多社会经济地位较低的"当地人"从未离开哈特维克，且一直从事着工人阶级的工作。在哈特维克，许多受过高等教育的人从别的地方搬到了这个社区，他们经常被"当地人"以怀疑的眼光看待。这是因为他们将"城市"准则和价值观内在化，而"当地人"认为这些准则和价值观与"乡村"价值观相冲突。

近年来，部分低阶层的本地人越来越倾向认同文化层面的"乡村"观念。许多人听"乡村"音乐，尽管这种音乐并非在乡村地区创作（实际是在大都市纳什维尔），也不是东北部的本土音乐（Peterson, 1999）。许多人认同文化保守派，认为乡村文化意象是"真实的美国"。"茶党"运动因其呼吁解散大规模的官僚机构而受到许多这样的个体欢迎，这些机构在城市环境中是必要的，但在乡镇中却似乎过于复杂。无论何种情况，个人对"乡村"特征的认同感是人们迷恋乡村文化物品的部分原因。

# 第8章 结构、空间和文化

城市社会学和乡村社会学往往互无关联，虽然二者的分析概念有时会有相互影响，但各自领域的文献鲜有交叉。例如，我们讶异于冯·图南（von Thunen，1826）的洞见很少关联同心圆理论。同样，城市地区空间隔离的形态几乎总是作为城市问题以城市术语来理解，而乡村地区的空间区隔和空间分离的相似性与差异性，似乎只有乡村社会学家才感兴趣。然而，乡村和城市的社会发展是动态的，这是一个重要的现象，说明社会结构是一个整体，因此，我们需要更好地将不同的社会分离（distance）联系起来。当然，这本书的主题并不是空间隔离，而是通过对乡村社区的研究，帮助我们了解处于城市主导的背景下的当代生活的方方面面。我们探讨了乡村生活的结构性区位（position）、乡村社区的聚居地模式及其对文化理解的影响。需要补充的是，乡村社区的研究可以且应该在整个社会科学中得到更多的关注，因为它为我们提供了一个非常好的机会，研究人类社会中支配与排斥、社会秩序与创新的动力。

研究乡村社区与当今主导性的城市文化之间的关系，能让我们更充分地探索社会结构与文化之间的关系，因为从定义上看乡村与城市的空间就有所差异，而社会空间和聚落空间是结构化的主要机制。由于权力与地位差异是在空间之中结构化的，因此研究城乡差别将有助于研究其他权力的分异。然而，与种族和性别不平等的研究不同，城乡关系研究缺乏由社会不平等所引起的情感内容。从历史上看，将乡村人口组织起来集体行动较为困难，虽然曾经也有成功的例子，例如格兰杰运动（Granger Movement）等，组织农民活动要求政府进行更大的干预，促进社会和教育进步，同时防止经济"虐待"。乡村的地理空间过于广阔，所以难以发展和维系类似工人运动那样严密的组织性抵抗。然而，这种抗争在乡村社区并非完全不可能，在民权运动期就发生过多起类似事件，当时许多行动都发生在南方的小城镇之中。同样，茶党运动在美国乡村的成功表明，远离城市的激进主义是可能发生的。

占主导地位的城市政治经济和乡村腹地之间的支配动力机制与其他形式的文化统治和排斥是相似的。城市人口和乡村人口之间存在着层级"连续统"，将其与种族研究相比较更容易理解，因为种族研究表明肤色变化可以构成排斥等级的基础。换句话说，白人越多的地区，生活机会就越好（Roediger，1999）。这种基本的等级化动态催生出"连续统"这样的概念，即使在种族两极分化（必需存在）的美国社会也是如此。在这一概念中，一个浅肤色的"黑人"能够把"她（或他）自己"表现为"白人"。在性别和性行为方面也发现了类似的动态性，因为科学通常承认"异性恋"和"同性恋"的程度是一个"连续统"，尽管大多数美国人认为要么是"同性恋"，要么是"异性恋"。（Blumenfeld & Raymond，1993）。在城乡关系中，城市和乡村也存在类似的"连续统"。定期往返城市的乡村和小城镇居民，经常采用"城市"的方式看世界，同时又保持乡村故里的文化身份。城市居民同样也会迁徙到乡村社区，特定社区中的某些成员会有更多途径同时体验城市和乡村生活，而社会阶层较低的居民则难以拥有如此多样化的经验。具体来说，中产阶级和上层阶级的乡村孩子很可能前往城市，游览诸如博物馆、剧院和零售商店等场所，获得一定的文化体验，相比之下，社会经济地位较低的乡村家庭的孩子不太可能有这样的经历。城市儿童也是如此，因此，乡村已经开始出现为城市儿童提供一两个星期的夏季住宿项目。值得注意的是，据我们所知，目前还没有相应的项目可每年为乡村底层家庭的孩子提供为期一到两周的城郊生活体验。然而，这种生活体验的差异创造了一个标尺，一端是"纯粹"的乡村生活，另一端是"纯粹"的城市文化体验。

坦白地说，虽然很难从某些统计数据中证实，但生活在菲钦（Fitchen，1991）所说的"真正的乡村"的确有许多不利之处：这些"真正的乡村"指那些没有融入城市政治经济的乡村社区，不同于纽约市的卡茨基尔郊区及库珀斯敦和奥尼昂塔等享有优势的村镇。例如，在大学的定向招生中，来自乡村社区且家庭背景较差的白人孩子实际上比来自其他地区的同类申请人更难被录取。在黑人和西班牙裔中，较低的社会经济地位能有助于学生获得入学的资格，而在白人中，较高的社会阶层也起到了同样的作用（Espenshad & Radford，2009）。对于乡村白人来说，这种情况意味着被排斥。在对一所受欢迎的私立大学（以下简称学院）招生过程的研究中，史蒂文斯（Stevens，2009：213）将这种状况称为"新英格兰乡村毕业生的故事"。他指出：

这一类型的申请者来自广阔地理区域的乡村，他们是高中的明星学生，但相对于该学院在全国范围内的申请者来说，他们只是普通人。申请该学院的新英格兰乡村地区的这些高中毕业生，在当地的高中上取得了优异的成绩，已经修完所有学校开设的大学预修课程（Advanced Placement），但这些课程的数量往往只有一两门。这些申请人是校运动队的队长，但在全国范围内他们的技能水准只能属于中等。在家境并不富裕的背景下，他们也需要很多经济援助。他们的成绩很好（因此他们的班级排名很高），但SAT成绩只是中等。这些申请人居住在该学院传统上招生的地域，无法享受地理位置所带来的额外优势（事实上，类似的候选人如果来自在学院学生群体中人数不足的州，被录取概率更高）。因为他们的白人身份，对提高统计学上的多样性并无太多帮助。

来自新英格兰村镇的高中优等生在申请精英大学中处于不利地位，这是因为这些精英大学的招生标准——申请人来自全国各地是与整个系统或"城市的"标准一致的，而不是基于地方性的标准，更为可笑的是精英大学就位于乡村地区（文中史蒂文斯仅把精英大学定义为位于新英格兰乡村地区的精英大学）。

仔细研读史蒂文斯所描绘的场景，不难发现这些优秀的乡村学生面临一些问题。

（1）乡村学校规模较小，因此这些学生在取得优异成绩时面临的竞争十分有限，这意味着他们的知识水平上限不高。与"国家"人才库相比，这一水平并不能令人印象深刻。"国家"人才库不仅学生基数大，而且能为学生提供更多的资源和更激烈的竞争环境。这既适用于学术界，也适用于体育运动。

（2）乡村学校可用的资源相对较少，与大城市和城郊学校相比，能为学生提供大学预修课程和SAT预备课程的机会也更低。尽管他们致力于"多样化"，但乡村学生所面临的这些不利条件最终还是与他们的意愿背道而驰。

（3）正如史蒂文斯、埃斯彭沙德和雷德福（Stevens, Espenshade & Radford, 2009）所说，新英格兰乡村学院试图以最高效的方式使用其财政救助资源，这意味着他们会倾向录取能提高学院"多样性"形象的学生。正如埃斯彭沙德和雷德福所述的那样，这意味着相同条件下贫穷的乡村白人比贫穷的黑人录取概率更低。

178

这并不是说促进学生群体多元化的政策是错误的，也不是说试图纠正过去对黑人的不公正是毫无根据的。种族是衡量社会不平等的主要标准，因此，其他形式的社会不平等在某种程度上显得不那么严重。换句话说，人们普遍认为，完全的种族（和民族）融合将以某种方式产生一个平等的社会，进而表明该制度本身是公正的。贫穷的乡村白人处境不容乐观，针对种族和文化少数族裔（minority）的不公正解决措施（这些问题需要解决）与其无关，他们也不能宣称与政治经济学有关的所有问题都是偏见的"错误"。实际上，制度造成社会不平等，最终需要纠正的是制度本身的缺陷。

与种族、民族和性别不平等一样，基于城乡关系的不平等也深深植根于西方文化之中。种族和民族往往是构成偏见和歧视的基础，两种偏见都有一个深层次的原因。种族被认为是一种"生物"现象，而民族是一种"文化"。二者均涉及一定的行为模式（如语言或服装风格）或外观特点（如肤色），使得个体能够区分为"所属的"群体和"他人的"群体。在性别不平等中我们也看到相似的生物模式差异，使角色和地位的差异得以确立。在城乡关系中，城乡分异的根源在于城市，这种差异源于权力与经济的差别。地球上的第一个城市文明——五千年前的美索不达米亚——诞生了"假定具有天然优势的城市人和堕落的乡村人"的文学作品，这也就不足为奇了。从本质上说，"野性的乡村"主题产生于人类文化发展的早期阶段。事实上，城市居民的确具有优势，例如，巴比伦的居民可以探索金字塔的周边环境，而远在郊野社区的居民则永远不可能看到这些情况。同样，城市居民无论是否感兴趣，都有机会接触博物馆、建筑等先进城市文化，而许多乡村居民，特别是穷人，却没有这样的机会。

## 结构

作为一个社会性过程，乡村地区的结构与城市化关系密切。理解"乡村"这个概念时，需与"城市"相联系，因此城乡连续统并不像人们有时讨论的那样明显。虽然完全城市化的环境很容易描绘，如纽约中城曼哈顿，但完全的"乡村"环境实际上很难找到。换句话说，乡村是自然的，然而，包括农场和小城镇在内的乡村意象实际上比纯粹的"自然"有更多的城市化环境。

当我们将城市化理解为一个社会过程时，也就把它视作了自然环境中的一种社会关系建构。城市化进程始于一万两千多年前，在"新月沃土"上定居的村民开始"驯化"各种植物供食用——很可能是在聚居点周围的种植。随着小麦和无花果等植物不断被"驯化"，农业"革命"开始了，尽管这一过程本身已经酝酿了数千年。直到公元前 8500 年左右，随着山羊和绵羊等家畜被驯化，农业村落才成为现实，由此构成一个由多个中心村庄组成的复杂网络，这一体系一直延续到公元前 4000 年。大多数村庄的面积相近，即使是最大的村庄，如在公元前 5500 年便拥有 8 000 名居民的恰塔霍裕克（Catalhoyuk），也表现出显著的社会平等性（Hodder, 2006）。随着一些村庄的强大和崛起，产生了单中心的微型村庄系统：一个相对较大的村庄，周围环绕着一群小村庄，后者依赖大村庄的中心功能。如第 3 章所述，这些村庄产生于公元前 60 世纪末至公元前 50 世纪初，或称为萨迈拉和欧贝德时期。这些人口不足万人的大村庄进一步演变，城市特色的权力和资源分化的社会环境就形成了。这也很可能是"乡村"概念兴起的时期，尽管当时并无书面记载。

公元前 40 世纪末，随着城市的崛起，财富和权力大量集中于相对较小的地区。为满足人口需要，诸如乌鲁克（Uruk）和乌尔（Ur）这样的城市必然试图从邻近地区获取资源，公元前 4000 年的"乌鲁克扩张"（Uruk Expansion）现象就是很好的证明。在这一时期，乌鲁克与遥远的阿富汗和埃及等地进行了长距离贸易，乌鲁克的索特美索不达米亚文化也因此传及整个中东。虽然这种贸易由来已久，但乌鲁克扩张的不同之处是以城市为基础的，美索不达米亚遗址证实了这一结论。在土耳其偏远地区发现的特定文化遗迹也初见端倪，这些文化遗迹通常（但不总是）来自当地城市的乌鲁克"贫民区"，它们是种族飞地的第一个证据，因为这些地区居住着人口相对较少的民族。

公元前 30 世纪末中，乡村地区向城市人口提供资源的模式在当代仍然很常见，城市控制贸易路线和其他城市的资源（和贸易选择）的能力形成了强有力的城市扩张周期，简单地将社区连接成贸易网络是无法做到的，乡村地区因此沦为强大城市统治者为其人民获取资源的棋子。阿卡德的萨尔贡（Sargon）和古埃及的法老等统治者建立了第一批着眼于贸易路线和农业资源的帝国，但把这些帝国建立在强权暴力之上不仅代价昂贵，而且往往容易以失败告终。因此，第一批企图通过宗教文学建立文化支配权的帝国的出现就不奇怪了。人类历史的一些最早的文学作品，如《吉尔伽美什史诗》和《阿特拉哈西斯史诗》（*Epic of Atrahasis*），都可以追溯到这一时期。在统治人民的过程中，说服人民相信统治者的能力远比试图控制人民的力量强大得多，《汉谟拉比法典》和类似的"法典"的宣传功效实际上比具体的法律书籍更有用。有部分文学记录揭示了一种城市偏见，这种偏见在今天的城市文化中依然存在，乡村与"野性"联系在一起，其居民往往是"简单"且"不成熟"的。在罗马和希腊社会，上层阶级逃往乡村隐居的行为被认为是可取的，但农民仍然是农民。

现代全球化世界是这个早期社会的延伸。"新月沃土"和东地中海"文明"是西方世界的直接前身，西方世界的根基仍然是城市精英对边缘地区资源的控制。这种发展态势表现出对农业的明显控制，尽管一个小村庄原则上能够独立和自给自足，但城市产品的吸引力诱使它们加入了货币体系，从而迫使其将剩余的农产品"出售"给城市消费者。当然，这是支配权控制的一个例子，如果乡村人口试图停止供养城市（如果可能的话），则很可能受到惩罚。讽刺的是，尽管城市地区需要乡村产品，但乡村地区在城乡结构性关系中被认定为依赖的一方，因为城市通过各种方式使乡村人民接受自己受城市支配的观念。

## 空间

社会结构正是通过物质空间中的结构化传递到日常生活之中。正如佐金（Zukin, 1996）所指出的那样，过去和现在的社会结构被编码（encoded）于城市的物质空间结构之中。一个曾经的工业城市往往仍留存一些去工业化的厂房，我们以此为线索可以了解过去辉煌的工业发展。从这个意义上说，制造业的传统被封装在建筑遗产中，并反映了这个城市当下的特征。允许特定的制造业主关闭工厂，虽然有一定必要性，但往往是他们追求更高利润率的结果，这种权力关系被编码于物质空间结构之中。就此而言，社会结构形成了自我再生产（reproduced）。

城乡差异也深深地嵌入过去和现在的权力结构之中。在城市里，种族仇恨和压迫的遗毒被植入持续的种族隔离问题之中。在主要由少数族裔组成的社区里，不良企业找到了"肥沃"的土地，使得这里经常遭受污染的危害（Faber & Krieg, 2002）。同样，由于企业撤资，以及在教育和预防犯罪等方面缺乏资金，在这些社区中生活的儿童的利益往往得不到保障，这种情况持续不断地被再生产（Diamond & Spillane, 2004；Kozol, 1991）。相比之下，对于那些居住在郊区的中产阶级和上层阶级的白人而言，其所属社区教育上的相对优势更突出，犯罪率相对更低，更不用说那些吸引投资的潜在机会，这便是白人普遍存在的特权模式。事实上，由于贫穷的白人更有可能生活在这样的特权地区，而非贫困的市中心，所以他们在"跨越阶层"方面也有一定的优势（Kelly, 1995）。

在乡村地区，社区内部和社区之间也存在类似的模式。尽管许多（虽然不是所有）乡村地区的种族多样性较低，但社会阶层分异也较为明显。之所以出现这一历史性模式是因为其中一些社区是富人的后花园，而另一些社区则是穷人的避风港。随着汽车交通的日益普及，城镇间也开始出现种族隔离。例如，托马斯（Thoma, 1998）的研究表明，与库珀斯敦相比，哈特维克的居民更有可能从事工人阶级的工作，居民受教育程度更低，赚的钱也更少，而且这种差异正在加剧。这种差异也会转化为文化资本的差异，因为那些不在城市中生活的人不太容易理解城市中的主题和品位。鉴于健康的乡村社区会融入更广泛的以城市为主导的政治经济环境之中，这种文化资本的劣势也会转化为金融资本的劣势。因此，社会结构又一次在物质空间之中被再生产，而正是在物质空间之中，当地居民的相互作用产生了地方文化。

## 文化

大众文化由城市主题（theme）主导，构成城市中心论（urbancentric）。部分原因是因为城市的政治经济依赖乡村地区，因而城市必须掌控乡村的资源。由于支配性权力比强制性权力更有效，因此文化机制才得以受到重视，以达到城市（或者更确切地说，城市体系）控制乡村的目的。然而，文化比简单的政治经济机制要复杂得多，文化动力学呈现出来的特征往往与追求权力和财富无关。确实，虽然这些独立的文化主旨和动力往往为当权者所利用，但并非源于当权者。182近期的文化产品表明了城市支配的暧昧状态，以及一种与乡村互动的愿望，哪怕只是有限次数的结构性接触（structured encounters），比如参观国家公园。对乡村环境造成的损害，例如对墨西哥湾部分地区造成的持续破坏，如果能够通过某种媒体或方式来传播（例如被石油包裹的动物和被危机破坏生计的墨西哥湾沿岸居民的照片和视频），可能会获得一些有益的效果。这种在流行文化中传播的媒介形象可能会帮助乡村吸引来自城市的更多注意力，这在以前几乎是不可能的。

城市文化"支配权"是通过一系列的文化主题来实现的，基于此形成乡村地区的观点和乡村的发展目标。当村民被认为秉性纯良时，"野性的乡村"主题可能是积极的；但当他们被认为比城市人口更偏执暴力时，这个主题也会变得消极。"质朴的乡村"主题同样有着积极的方面，但也可能以刻板印象将农村人口定义为不成熟，甚至是愚蠢的人。"隐居的乡村"主题将乡村视为逃避复杂城市生活的一种方式，它同样具有两面性。

与其他形式的刻板印象一样，乡村居民必须在更大的、城市主导的文化市场中同这样的观念作斗争。诸如电视、电影等文化媒体经常认为都市生活才是主流的生活方式：每个人都住在购物中心附近，容易购买到由设计师设计的衣服，或遵守在城市中随处可见到的行为规范。

城市文化"支配权"建立在内部殖民化的基础之上。通常，乡村创新总是被归入大都市区，这样前者就会被认为是大都市区所为。在参观奥尔巴尼国际机场的同时，我们会将库珀斯敦列为奥尔巴尼地区的旅游景点之一，尽管它距离奥尔巴尼有80英里，而离尤蒂卡更近。又如创立美联社通常被认为是发生在纽约的，但它似乎是尤蒂卡地区的一项创新（Schwartzlos, 1980）。或许是因为在城市中更容易找到这种创新的根据，也因为当创新的荣誉受到质疑时，城市精英们会快速将这个边远地区"纳入"都市区范围，因此，"乡村"对城市社会的贡献往往被归因于城市。

**哈特维克呢？**

我们用本书开篇提出的一个问题作为结尾：哈特维克呢？为什么哈特维克中心只剩下一个邮局、银行和一家退伍军人俱乐部？为什么那里的孩子要去库珀斯敦上学，他们的父母可能还要开车去更远的地方工作？为什么哈特维克创始人开办的哈特维克神学院倒闭了，而文理学院则可以继续在附近的小城市奥尼昂塔办学？这真的是随机发生的吗？还是有更深层的城乡动力逻辑可启发我们？

我们的第一个答案涉及哈特维克的结构性区位，以及此区位是如何随着时间变化的。哈特维克的过去不同于现在，它不是卧城，在历史中的多数时间里，哈特维克都是为周边至5英里范围的小农业区提供中心功能的村庄（village）。零售、牛奶加工、粮食加工等食品生产曾经出现在哈特维克，银行、邮局、医务室、律所等地方服务机构也曾在这里落地生根。有许多实际上只有一间教室的小学校分散在乡村地区，而高中就设在村子里。然而，现在哈特维克的区域政治经济地位处于最底层，在其影响范围内，只有少数几个很小的村庄（hamlet），每个小村庄的影响范围内大约有100名居民，这些居民都是到哈特维克，以获得中心区的功能。

随着汽车在美国的普及，尤其在第二次世界大战之后，当地居民的出行能力开始影响村庄的经济发展。附近的社区，尤其是库珀斯敦，有着更多的购物选择和更低的物价。因此，不少哈特维克的居民会驾车前往8英里外的库珀斯敦进行采购。哈特维克店主随之目睹了当地市场的萎缩，对此，他们大多数人采取了推迟修缮并提高售价的做法，这样的做法又进一步将顾客拒之门外，村子的外表也因此变得暗淡破败了。20世纪70年代，当地经济开始崩溃。直到1980年，哈特维克只剩下少数几家店面，最终沦为一座卧城（Thomas, 2003）。

这种经济重构也产生了一定的社会影响。村里的精英们发现他们开始为附近城镇的人工作，他们之前的社会地位遭到"削弱"。该地区农业的衰落对农业精英也造成了同样的影响，为了应对经济低迷，许多人将他们的土地以5英亩为单位进行出售，这样大宗地块的住房地产市场就得以实现。而对于那些住在村外的人来说，一旦有了车，他们就可以开车前往任何地方，特别是去往比哈特维克更为优越的库珀斯敦。20世纪80年代，许多哈特维克居民对外宣称自己"生活在库珀斯敦"。

由于交通技术变革和零售与农业经济变化，哈特维克在全球政治经济中的作用也发生了改变。曾经作为一个完整建构的社区，如今的哈特维克变成了一个纯居住邻里，成为一个更大范围内的乡村地区村落系统的组成部分，这个村落系统构成了一个社区。该地区的物质空间展现了这种结构性现实（reality），其过去和今日的历史演变都"写在"建筑遗产上。哈特维克过去的高中如今坐落在学校主街的尽头，墙体砖块斑驳，其停车场地面上也长满了各种各样的植物。一些人曾建议将该建筑改造成老年人住房，但是许多镇政府官员都不愿卷入这样的项目。在主路上，空旷的地面和古老的木制建筑使得游客更倾向驾车穿越而非停留。有一座商业建筑已经被改造成住宅，旧的前门用木板封住，代之以新增加的烟囱，

184

迎接过往行人。游乐场上有两个秋千和一个新的篮球场，但20世纪50年代所用攀援植物的风格透露出一个事实，即哈特维克并没有按最新风格来建设。在整个村庄的绝大部分地区都没有路缘石和其他必要的"装备"（accoutrements），而这些"装备"在全美各地的城市和小镇都是外部空间的基本配置。这种品质的物质性结构影响着村庄未来的复兴机会，大部分中产阶级更认同库珀斯顿，如果有选择机会，他们会搬去那里。居住在库珀斯敦是人们的首选，对于是否邻近哈特维克，他们并不在意。库珀斯敦的房价要高得多，因此，自20世纪90年代以来，哈特维克村开始出现"绅士化"。尽管如此，如果没有投资来巩固哈特维克作为附属于库伯斯敦的中产阶级形象，那么绅士化也只可能是昙花一现。

　　然而，这座城市物质空间所表现出来的特征，并不都是因数十年经济衰退的被动接受所造成的。多年来，我们目睹了一个又一个企业的倒闭，目睹了小学生被巴士送到库珀斯敦，目睹了去教堂的人数下降和当地童子军的解散，这些都对当地的文化产生了巨大影响。20世纪90年代，开发商希望在第4章中提到的"独立零售商业地带"建设一个购物中心，政府官员也抓住了这个将农场土地改造成购物场所的机会。然而，这一举动带着深深的绝望感，而非热情拥抱。村庄的衰落导致了税基的下降，在东部建设新的开发地带可能有助于解决这个问题。这种规划方法过于自由放任，因为一些官员害怕吓跑外来投资，另一些官员则在意识形态上反对展开规划，还有一些官员则干脆反对任何增长。后来，这里产生了一个以新的购物中心和酒店为特征的零售地带，其中穿插着若干老旧住房，作为服务游客的短期租赁住房。以前的农场以5英亩为单位被分成了若干地块，乡村特征正在慢慢地从一片片田野变成一幢幢新房子和移动房屋，进而几乎均匀地扩散到整个景观。偶尔出现的密集的旧村庄或新地带起到了限制这种扩散的作用。哈特维克神学院曾是北美最古老的路德教会神学院，如今仅剩下一座砖砌的纪念碑，四周到处都是供游客租用的小木屋。

　　这些改变的决策并非由全球政治经济力量（forces）提出的，也不是由物质环境本身的因素所促成的，而是由在哈特维克生活和工作的人做出的。他们对当地问题做出回应，通过社区内定期的社交活动讨论和强化了这些观点。随着乡村的特征发生变化，传统也随着新的物质性结构而改变，这又将影响乡村应对未来挑战的能力。

　　哈特维克是一个独特的乡村，其在世界经济中的地位和无数其他的乡村一样。

185

要想理解其中的任何一个乡村，我们必须重新思考所谓的"社会学"的内涵。乡村社会学家可能会强调乡村农业的衰落，或者哈特维克与其他地方的空间关系。城市社会学家则可能会关注社区在全球更广泛的网络中的地位，至少是地方精英的政治手腕和决策力。研究文化的学者可能会强调主题（motifs）、刻板印象（stereotypes）和大众"形象"（portrayals）的作用。但是要理解哈特维克，社会学家——无论是乡村社会学家、城市社会学家还是文化社会学家——都必须同时从空间和文化两个层面考虑他们所研究的问题，以及这两个层面是如何影响每个子领域的。我们都在这个方面努力，正因如此，如果我们是基于已知的知识，并将其作为一个研究领域推进，那么我们必须团结起来，为了整个社会的利益而共同奋斗。

附录

## A　卡茨基尔的城市化规模

为了确定卡茨基尔的发展模式，我们假定了一个城市化规模，以反映该区域的乡村地区。城市化可以根据一个乡镇的人口发展水平来衡量，具体衡量标尺以单个乡镇的城市发展程度而定。虽然我们用乡镇或小的行政分区作为分析单位，但从理论上讲，这个标尺可适用于其他单位，如人口普查区或街区等。衡量尺度的范围从0到9：0代表几乎完全的自然环境，9代表完全城市化。以航拍图的乡镇中心为圆心，测量半径5英里区域的开发类型和发展水平，并通过对研究区域的实地访问加以补充，从而进行编码。各类代码即表达的意义如下。

0——自然景观：几乎整个地区都缺乏代表城市发展的景观。自然环境中可能有一些低密度的住宅开发和小块的农业用地，但大多数景观（75%以上）由森林、沼泽或其他自然环境构成。

1——轻农业：在主要的走廊和城镇中心附近都有农业景观，但是超过一半的土地仍然是自然景观。

2——重农：农业景观占主要部分，但仍有部分自然景观。

3——轻工业：通常出现在城镇中心，且以二级工业设施为主要景观特征。虽然原则上轻工业城镇的农业比重可能不高，但研究区内的城镇往往具有较高的农业比重。

4——重工业：在城镇中心，以工业设施为主要景观特征。

5——乡郊：以乡郊（自然或农业）为主的城镇，有城镇中心，但最近的发展模式并非以城镇中心为导向，而是住宅或商业开发。

6——小型郊区：以住宅开发为主要导向的社区，其中多数居民必须通勤至其他地方工作。与郊区相比，小型郊区的人口密度更高，但大部分（超过一半）景观仍然是乡村。

7——大型郊区：以住宅开发为主的社区，但一半以上的景观已具有城市化特征。

8——小型城市：一个独立社区，包括住宅、商业和工业功能，其特点是单户和多户的住宅结构。

9——大型城市：集住宅、商业和工业于一体，以大面积高密度住宅开发为特点，自给自足的社区。

## B　乡镇中心比较

关于卡茨基尔中心商业区组成变化的数据通过以下方法进行收集：整理每个乡镇中心区的地址列表。在奥尼昂塔和利特尔福尔斯，每个地址都是通过查阅每个社区五年一次的名录收集的（如果有的话）。在没有名录的库珀斯敦，从1987年开始每两年收集一次数据，同时利用库珀斯敦商会提供的名单和库珀斯敦村开出的许可证申请，按照下文概述的计划对记录在册的每项业务进行编码。在几年前，我们采访了当地居民和商界人士，并对他们的答案进行了记录和比较。

被归类为"综合"的企业定期向普通民众销售日用品，主要包括食品杂货、药品供应和其他类似的一般商品。这类企业经常销售与旅游有关的商品，但它们的主要目的是销售一般商品。供应汽车燃料的一般商店被指定为"通用燃料"（Thomas, 2003：163-4）。

专卖店出售具有美学或象征意义的商品，如艺术品或纪念品。除了其他一些专卖店，卖衣服的精品店被归为专卖店，而只卖衣服的店铺则被归为"综合"商店。售卖与棒球不相关商品的店铺被归类为"非棒球领域"。"棒球领域"的定义适用于主要销售棒球相关产品的商店（Thomas, 2003：164）。

餐饮服务机构包括那些主要准备和提供食品服务的企业（Thomas, 2003：164）。

本地（和综合）服务包括以提供特定服务为目的的企业，如金融服务、房地产或次要生产服务，如印刷、复印或客户服务。

第六类——艺术画廊——已编码。

酒吧和酒馆与餐饮服务机构分开编码。此外，面向成人的零售商店如"烟草店"单独编码。同样地，娱乐业如台球厅和电影院，也有各自的代码。

　　市政机构，如邮局、城市办公室和非营利社区的办公室（如 Opportunities for Otsego）。私人俱乐部，如麋鹿俱乐部，被归类为私人机构。

　　汽车经销商和汽车服务商店被划分为"汽车/配件经销商"。制造业和铣磨业被归入"工业生产"，而仓储则被单独归类。

参考文献

Agger, Ben. 1978. *Western Marxism: An Introduction*. Santa Monica, CA: Goodyear.

Akkermans, Peter M. M. G. and Glenn M Schwartz. 2003. *The Archeology of Syria*. New York: Cambridge U. Press.

Altheide, David L. 2002. *Creating Fear: News and the Construction of Crisis*. Hawthorne, New York: Aldine de Gruyter.

——. 2006. *Terrorism and the Politics of Fear*. Lanham, Maryland: AltaMira Press.

Amin, S. 1976. *Unequal Development: An Essay on the Social Formations of Peripheral Capitalism*. New York: Monthly Review Press.

Anderson, Benedict. 1991. *Imagined Communities: Reflections on the Origins and Spread of Nationalism*. Revised Edition. New York: Verso.

Arndt, K. J. R. 1937. "John Christopher Hartwick, German Pioneer of Central New York." *New York History*, 18, 293–303.

Au Bon Pain. (2010). Retrieved July 28, 2010, from *Au Bon Pain:* http://www.aubonpain.com.

Bageant, Joseph L. 2007. *Deer Hunting With Jesus: Dispatches from America's Class War*. New York: Crown.

Bar Yosef, Ofer. 1998. "The Natufian Culture in the Levant, Threshold to the Origins of Agriculture." *Evolutionary Anthropology*, 6, 159–77.

Baudrillard, Jean. 1983. *Simulations*. New York: Semiotext.

——. 1994. *Simulacra and Simulation*. Translated by Shelia Faria Glaser. Ann Arbor: University of Michigan Press.

Baur, Gene. 2008. *Farm Sanctuary: Changing Hearts and Minds about Animals and Food*. New York: Touchstone.

Beauregard, Robert. 2003. "City of Superlatives." *City and Community*, 2, 3, 183–199.

Bell, Michael. 1992. "The Fruit of Difference: The Rural-Urban Continuum as a System of Identity." *Rural Sociology*, 57, 1, 65–82.

——. 2009. *An Invitation to Environmental Sociology*. Third edition. Los Angeles: Pine Forge Press.

Bellwood, P. 2005. *First Farmers: The Origins of Agricultural Societies*. New York: Blackwell.

Berger, Peter L. 1963. *Invitation to Sociology: A Humanistic Perspective*. New York: Anchor Books.

Berger, Peter L. and Thomas Luckmann. 1967. *The Social Construction of Reality: A Treatise in the Sociology of Knowledge*. New York: Anchor Books.

Bloom, Stephen G. 2001. *Postville: A Clash of Cultures in Heartland America*. New York: Mariner Books.

Blumenfeld, Warren J. and Diane Raymond. 1993. *Looking at Gay and Lesbian Life*. Boston: Beacon Press.

Blumer, Herbert. 1969. *Symbolic Interactionism: Perspective and Method*. Berkeley: University of California Press.

Boone, C. G. and A. Modarres. 2006. *City and Environment*. Philadelphia:

Temple University Press.

Bottomore, Tom. 1984. *The Frankfurt School*. Chichester, England: Ellis Horwood.

Bourdieu, Pierre. 1984. *Distinction: A Social Critique of Judgment and Taste*. Cambridge, MA: Harvard University Press.

——. 1986. "The Forms of Capital." pp. 241–258 In *Handbook of Theory and Research for the Sociology of Education*. John C Richardson, ed. New York: Greenwood Press.

Brinkley, Douglas. 2009. *The Wilderness Warrior: Theodore Roosevelt and the Crusade for America*. New York: Harper.

Bronner, Simon J. 2008. *Killing Tradition: Inside Hunting and Animal Rights Controversies*. Lexington, Kentucky: University Press of Kentucky.

Burgess, E. W. 1925. "The Growth of the City." *Publications of the American Sociological Society*, 18, 85–97.

Buttel, Frederick H. 1996. "Environmental and Resource Sociology: Theoretical Issues and Opportunities for Synthesis." *Rural Sociology*, 61, 56–76.

Carr, Patrick J. and Maria J. Kefalas. 2009. *Hollowing Out the Middle: The Rural Brain Drain and What It Means for America*. Boston: Beacon Press.

Castells, M. 1977. *The Urban Question: A Marxist Approach*. Cambridge, MA: MIT Press.

Cauvin, Jacques. 2000. *The Birth of the Gods and the Origins of Agriculture*. Trevor Watkins, translator. New York: Cambridge Univerity Press.

Cavalli-Sforza, L. L. and F. Cavalli-Sforza. 1995. *The Great Human Diasporas: The History of Diversity and Evolution*. Cambridge, MA: Perseus Books.

Cheed, Barbara and Gerald W. Creed. 1997. *Knowing Your Place: Rural Identity and Cultural Hierarchy*. New York: Routledge.

Chris, Cynthia. 2006. *Watching Wildlife*. Minneapolis: University of Minnesota Press.

City of Myrtle Beach. 2010. *Myrtle Beach*. Retrieved April 25, 2010, from http://www.cityofmyrtlebeach.com.

Collins, R. 1975. *Conflict Sociology: Toward an Explanatory Science*. New York: Academic Press.

Conant, Jennet. 2008. *The Irregulars: Roald Dahl and the British Spy Ring in Wartime Washington*. New York: Simon and Schuster.

Cooper, William. 1936 [1810]. *A Guide in the Wilderness*. Cooperstown, NY: Freeman's Journal.

Copp, James H. 1972. "Rural Sociology and Rural Development." *Rural Sociology*, 37, 515–533.

Cromartie, John and Shawn Bucholtz. 2008. "Defining the "Rural" in Rural America." Amber Waves (June). United States Department of Agriculture, Economic Research Service. Retrieved March 26, 2009 from http://www.ers.usda.gov/AmberWaves/June08/Features/RuralAmerica.htm.

Dabson, Brian and Jennifer Keller. 2008. *Rural Broadband*. Columbia, MO: Rural Policy Research Institute.

Dalley, S. 2000. *Myths from Mesopotamia*. Revised Edition. New York: Oxford University Press.

Danbom, D. B. 2006. *Born in the Country*. Second Edition. Baltimore: Johns Hopkins University Press.

Daniels, T. 1998. *When City and Country Collide: Managing Growth In The Metropolitan Fringe*. Washington: Island Press.

Davis, M. 1990. *City of Quartz: Excavating the Future in Los Angeles*. New York: Verso.

——. 2002. *Dead Cities and Other Tales*. New York: The New Press.

Dear, M. 2002. "Los Angeles and the Chicago School: Invitation to a Debate." *City and Community*, 1, 5–32.

——. 2003. "Superlative Urbanisms: The Necessity for Rhetoric in Social Theory." *City and Community,* 2, 201–204.

Dear, M. and S. Flusty. 1998. "Postmodern Urbanism." *Annals of the Association of American Geographers*, 88, 5–72.

Deavers, Ken. 1992. "What is Rural?" *Policies Studies Journal*, 20, 2, 184–189.

Debord, Guy. 1995. *The Society of the Spectacle*. Translated by Donald Nicholson-Smith. New York: Zone Books.

——. 2002. *Comments on the Society of the Spectacle*. Translated by Malcolm Imrie. New York: Verso.

Dewey, Richard. 1960. "The Rural-Urban Continuum." *American Journal of Sociology*, 66, 1, 60–66.

Diamond, John B. and James P. Spillane. 2004. "High Stakes Accountability in Urban Elementary Schools: Challenging or Reproducing Inequality?" *Teachers College Record* (Special Issue), 106, 6, 1140–1171.

Dunlap, Riley E. 2002. "An Enduring Concern: Light Stays Green for Environmentla Protection." *Public Perspective*, Sept/Oct, 10–14.

Dunlap, Riley and William R. Catton. 1994. "Struggling with Human Exemptionalism: The Rise, Decline, and Revitalization of Environmental Sociology." *American Sociologist*, 25, 113–135.

Durkheim, Emile. 1997. *The Division of Labor in Society*. Translated by W.D. Halls. New York: Free Press.

East Hill Wind Farm. 2008. Frequently Asked Questions. http://www. easthillwind/faq.html; accessed 12 November 2008.

Edgar, W. 1998. *South Carolina: A History*. Columbia, SC: U. South Carolina Press.

Eilperin, Juliet. 2008. Palin's 'Pro-America Areas' Remark: Extended Version. *The Washington Post*. October 17, 2008. Retrieved on 6 July 2010. http:// voices.washingtonpost.com/ 44/2008/10/palin-clarifies-her-pro-americ. html.

Eisnitz, Gail A. 1997. *Slaughterhouse: The Shocking Story of Greed, Neglect, and Inhumane Treatment Inside the U.S. Meat Industry*. Amherst, New York: Prometheus Books.

Engels, Friedrich. 2009 [1844]. *The Condition of the Working Class in England*. New York: Oxford University Press.

Escobar, Arturo. 1995. *Encountering Development: The Making and Unmaking of the Third World*. Princeton, NJ: Princeton University Press.

Espenshade, Thomas J. and Alexandria Walton Radford. 2009. *No Longer Separate, Not Yet Equal: Race and Class in Elite College Admission and Campus Life*. Princeton, NJ: Princeton University Press.

Faber, Daniel and Eric Krieg. 2002. "Unequal Exposure to Ecological Hazards: Environmental Injustices in the Commonwealth of Massachusetts." *Environmental Health Perspectives*, 110 (Supplement 2, April), 277–288.

Fagan, Brian. 2005. *Chaco Canyon*. New York: Oxford University Press.

Faust, Avraham. 2007. *Israel's Ethnogenesis: Settlement, Interaction, Expansion, and Resistance*. London: Equinox.

Feagin, J. 1988. *The Free Enterprise City: Houston in Political-Economic Perspective*. New Brunswick, NJ: Rutgers University Press.

Fiorina, Morris P., Samuel J. Abrams and Jeremy C. Pope. 2010. *Culture War? The Myth of a Polarized America*. Third Edition. New York: Longman.

Fitchen, J. M. 1991. *Endangered Spaces, Enduring Places*. San Francisco, CA: Westview Press.

Flannery, Kent. 1969. "Origins and Ecological Effects of Early Domestication in Iran and the Near East." *The Domestication and Exploitation of Plants and Animals*, eds. Peter J. Ucko and G.W. Dimbleby. Chicago: Airline Publishing Co., pp. 73–100.

——. 2003. "The Origin of War: New Carbon 14 Dates from Ancient Mexico." *Proceedings of the National Academies of Science*, 100, 20, 11801–11805.

Flora, Cornelia and Jan Flora. 2008. *Rural Communities: Legacy and Change*. New York: Westview Press.

Florida, Richard. 2003. *The Rise of the Creative Class: And How It's Transforming Work, Leisure, Community and Everyday Life*. New York: Basic Books.

——. 2004. *Cities and the Creative Class*. New York: Routledge.

Frank, A.G. 1978. *Dependent Accumulation and Underdevelopment*. New York: Monthly Review Press.

Frank. Thomas. 2004. *What's the Matter with Kansas? How Conservatives Won the Heart of America*. New York: Metropolitan Books.

Fuery, Patrick and Nick Mansfield. 2000. *Cultural Studies and Critical Theory*. New York: Oxford University Press.

Fuguitt, Glenn V. 1992. "Some Demographic Aspects of Rurality." Paper presented at the RSS meetings, University Park, PA, August.

Gans, Herbert. 1962. *The Urban Villagers*. New York: Free Press.

Garreau, J. 1992. *Edge City: Life on the New Frontier*. New York: Doubleday.

Garrett, Patricia. 1986. "Social Stratification and Multiple Enterprises: Some Implications for Fanning Systems Research." *Journal of Rural Studies*, 2, 209–220.

Giddens, A. 1986. *The Constitution of Society*. Berkeley, CA: University of California Press.

——. 1987. *Social Theory and Modern Sociology*. Cambridge: Polity.

——. 1990. *The Consequences of Modernity*. Cambridge: Polity.

Glassner, Barry. 2000. *The Culture of Fear: Why Americans are Afraid of the Wrong Things*. New York: Basic Books.

Glieck, James. 1988. *Chaos: Making a New Science*. New York: Penguin.

Goodman, Martin. 2008. *Rome and Jerusalem*. New York: Vintage.

Gottdeiner, Mark. 1994. *The New Urban Sociology*. New York: McGraw Hill.

Goudy, W. (n.d.). *About Us: Our History*. Retrieved December 12, 2010, from http://ruralsociology.org/index.php?L1=left_home.php&L2=staticcontent/about_us/history.php

Gould, S. J. 1989. "The Creation Myths of Cooperstown." *Natural History*, 14–24.

Griswold, Wendy. 2003. *Culture and Societies in a Changing World*. Second Edition. Newbury Park, CA: Pine Forge Press.

Grosman, L., N. D. Munro, & A. Belfer-Cohen. 2008. "A 12,000-year-old Shaman Burial from the Southern Levant (Israel)." *Proceedings of the National Academy of Science*, 105, 46, 17665–17669.

Gusfield, Joseph. 1981. *The Culture of Public Problems: Drinking-Driving and the Symbolic Order*. Chicago: The University of Chicago Press.

Habennas, Jurgen. 1971. Knowledge and Human Interests. Boston: Beacon Press.

——. 1984. *The Theory of Communicative Action, (Vol. 1) Reason and the Rationalization of Society*. Boston: Beacon Press.

Haidt, Jonathan. 2005. *The Happiness Hypothesis: Finding Modern Truth in Ancient Wisdom*. New York: Basic Books.

Haley, B. D. and L. R. Wilcoxon. 2005. "How Spandiards Became Chumash and other Tales of Ethnogenesis." *American Anthropologist,* 432–445.

Hall, Peter. 2001. *Cities in Civilization*. New York: Fromm International.

Hawley, Amos. 1986 [1950]. *Human Ecology: A Theoretical Essay*. University of Chicago Press.

Henry, D.O. 1989. *From Foraging to Agriculture: The Levant at the End of the Ice Age*. Philadelphia: University of Pennsylvania Press.

Heppner, R. 2008. *Remembering Woodstock*. Charleston, SC: The History Press.

Hodder, Ian. 2006. *The Leopard's Tale: Revealing the Mysteries of Catalhoyuk*. London and New York: Thames and Hudson.

Hodgson, Lynn-Philip. 2002. *Inside Camp X*. Milwaukee: Blake Books.

Humphrey, C. R. and K. P. Wilkinson. 1993. "Growth Promotion Activities in Rural Areas: Do They Make a Difference?" *Rural Sociology*, 58, 2, 175–189.

Humphrey, Craig R., Tammy L. Lewis, and Frederick H. Buttel. 2002. *Environment, Energy, and Society: A New Synthesis*. New York: Wadsworth Thomson Learning.

Hunter, James Davison. 1991. *Culture Wars: The Struggle to Define America*. New York: Basic Books.

Jackson-Smith, Douglas. 2003. "The Challenges of Land Use Change in the Twenty-First Century." pp. 305–316 in *Challenges for Rural American in the Twenty-First Century* (eds. David L Brown and Louis E. Swanson). University Park, PA: The Pennsylvania State University Press.

Jameson, Fredric. 1991. *Postmodernism, or, The Cultural Logic of Late Capitalism*. Durham, NC: University of North Carolina Press.

Johnson, Kenneth M. 2003. "Unpredictable Direction of Rural Population Growth and Migration." Pp. 19 –31 in *Challenges for Rural American in the Twenty-First Century* (eds. David L Brown and Louis E. Swanson). University Park, PA: The Pennsylvania State University Press.

Kalof, Linda. 2007. *Looking at Animals in Human History*. London: Reaktion Books.

Kellner, Douglas. 1990. *Television and the Crisis of Democracy*. Boulder: Westview Press.

Kelly, Erin E. 1995. "All Students Are Not Created Equal: The Inequitable Combination of Property Tax-Based School Finance Systems and Local Control" . *Duke Law Journal*, 45, 2, 397–435.

Kenner, Robert. 2009. *Food, Inc*. Magnolia Home Entertainment.

Kirby, David. 2010. *Animal Factory: The Looming Threat of Industrial Pig, Dairy, and Poultry Farms to Humans and the Environment*. New York: St. Martin's Press.

Kislev, M. E., A. Hartmann and O. Bar Yosef. 2006. "Early Domesticated Fig in the Jordan Valley." *Science*, 312, 5778, 1372–1374.

Klein, Naomi. 2009. *No Logo: 10th Anniversary Edition with a New Introduction by the Author*. New York: Picador.

Kohl, P. L. 1998. "Nationalism and Archaeology: On the Constructions of Nations and the Reconstructions of the Remote Past." *Annual Review of Anthropology*, 223–246.

Kozol, Johnathon. 1991. *Savage Inequalities*. New York: Crown.

Krakauer, Jon. 2003. *Under the Banner of Heaven: A Story of Violent Faith*. New York: Doubleday.

Kuntsler, James. 1994. *The Geography of Nowhere: The Rise and Decline of America's Man-Made Landscape*. New York: Free Press.

Lekson, S. H. 2009. *A History of the Ancient Southwest*. Santa Fe: SAR Press.

Lipsky, Michael. 1980. *Street-level Bureaucracy: Dilemmas of the Individual in Public Services*. New York: Russell Sage.

Liverani, Mario. 2006. *Uruk: The First City*. Zainab Bahrani & Marc van de Mieroop, translators. London: Equinox.

Lobao, Linda. 1996. "A Sociology of the Periphery Versus a Peripheral Sociology: Rural Sociology and the Dimension of Space,." *Rural Sociology*, 61, 1, 77–102.

——. 2004. "Continuity and Change in Place Stratification: Spatial Inequality and Middle- Range Territorial Units." *Rural Sociology*, 69, 1, 1–30.

Lobao, Linda and Rogelio Saenz. 2002. Spatial Inequality and Diversity as an Emerging Research Area. *Rural Sociology*, 67, 4, 497–511.

Loewen, James W. 2007. *Lies My Teacher Told Me: Everything Your American History Textbook Got Wrong*. New York: Touchstone.

Logan, John R. and Harvey Molotch. 1987. *Urban Fortunes: The Political Economy of Place*. Berkeley, CA: University of California Press.

Lowe, Brian M. 2006. *Emerging Moral Vocabularies: The Creation and Establishment of New Forms of Moral and Ethical Meanings*. New York: Lexington Books.

Lowy, M. 1982. *The Politics of Combined and Uneven Development*. New York: Routledge.

Lyon, Larry. 1987. *The Community in Urban Society*. Philadelphia: Temple University Press.

Maisels, Charles Keith. 1990. *The Emergence of Civilization*. New York: Routledge.

——. 1999. *Early Civilizations of the Old World*. New York: Routledge.

Marcuse, Herbert. 1958. *Soviet Marxism: A Critical Analysis*. New York: Columbia University Press.

——. 1964. *One-Dimensional Man*. Boston: Beacon Press.

Market Common Myrtle Beach. 2010. *The Myrtle Beach Market Common*. Retrieved April 25, 2010, from http://www.marketcommonmb.com/

Markusen, A. 1987. *Regions: The Economics and Politics of territory*. New York: Rowman & Littlefield.

Marx, Karl. 1967 [1867]. *Capital: A Critique of Political Economy.* New York: International Publishers.

——. 1993 [1858]. *Grundrisse*. New York: Penguin.

Marx, Karl and Friedrich Engels. 1959 [1848]. *Manifesto of the Communist Party*. In Marx and Engels: *Basic Writings on Politics and Philosophy*, edited by Lewis S. Feuer. Garden City, NY: Doubleday Anchor Books.

Massey, Douglass. 2005. *Strangers in a Strange Land: Humans in an Urbanizing World*. New York: W.W. Norton.

Massey, Douglass S. and Nancy A. Denton. 1993. *American Apartheid: Segregation and the Making of the Underclass*. Cambridge, MA: Harvard University Press.

Maynard-Moody, Steven and Michael Musheno. 2003. *Cops, Teachers, Counselors: Stories from the Front Lines of Public Service*. Ann Arbor, MI: University of Michigan Press.

McCaffery Interests. 2010. *McCaffery Interests*. Retrieved April 25, 2010, from http://www.mccafferyinterests .com/

McCombs, Maxwell E. 2004. *Setting the Agenda: Mass Media and Public Opinion*. Malden, MA: Blackwell USA.

McCorriston, J. 1992. "The Halaf Environment and Human Activities in the Khabur Drainage, Syria." *Journal of Field Archaeology*, 19, 315-33.

——. 1997. "The Fiber Revolution: Textile Extensification, Alienation, and Social Stratification in Ancient Mesopotamia." *Current Anthropology*, 38, 4, 517-535.

McGranahan, David A. 2003. "Making a Living in Rural America." Pp. 135-151 in *Challenges for Rural America in the 21st Century* (eds. D.L. Brown and L.E. Swanson). State College, PA: The Pennsylvania State University Press.

McMichael, Phillip. 2000. *Development and Social Change: A Global Perspective*. Thousand Oaks, CA: Pine Forge Press.

Michels, Robert. 1999 [1911]. *Political Parties: A Sociological Study of the Oligarchical Tendencies of Modern Democracy*. New York: Transaction.

Miller, Michael K. and Luloff, Al E. 1981. "Who is Rural? A Typological Approach to the Examination of Rurality." *Rural Sociology*, 46, 4, 608-25.

Miner, Horace. 1952. "The Folk-Urban Continuum." *American Sociological Review*, 17, 5, 529-37.

Mitman, Gregg. 1999. *Reel Nature: America's Romance with Wildlife on Film*. Cambridge, MA: Harvard University Press.

Mollenkopf, J. H. 1983. *The Contested City. Princeton*, NJ: Princeton U. Press.

Molotch, Harvey, William Freudenberg, and Krista Paulsen. 2000. "History Repeats Itself, But How? City Character, Urban Tradition, and the Accomplishment of Place." *American Sociological Review*, 65, 791-823.

Moore, A., Hillman, G., and A. Legge. 2000. *Village on the Euphrates: From Foraging to Farming at Abu Hureyra*. New York: Oxford University Press.

Moore, R. Laurence. 1986. *Religious Outsiders and the Making of Americans*. New York: Oxford University Press.

Morley, N. 1996. *Metropolis and Hinterland: The City of Rome and the Italian Economy, 200 BC-AD 200*. New York: Cambridge University Press.

Morrow, Raymond A. 1994. "Critical Theory, Poststructuralism, and Critical Theory." *Current Perspectives in Social Theory*, 14, 27-51.

Nestle, D. F. 1959. *The Leatherstocking Route: From the Mohawk to the Susquehanna* by Interurban. Publisher Not Listed.

Neth, M. C. 1998. *Preserving the Family Farm: Women, Community, and the Foundations of Agribusiness, 1900 -1940*. Baltimore: Johns Hopkins University Press.

New York State Department of State. 2009. *Local Government Handbook*. Albany: NYS Department of State.

New York State Department of Transportation. 2010. Highway design Manual. https://www.nysdot.gov/divisions/engineering/design/dqab/hdm; accessed 15 July 2010.

Newby, Howard and Frederick Buttel. 1980. "Toward a Critical Rural Sociology." Pp. 1 -35 in *The Rural Sociology of the Advanced Societies*, (eds. Newby and Buttel). Montclair, NJ: Allanheld, Osmun and Co. Publishers, Inc.

Oates, Joan. 1993. "Trade and Power in the Fifth and Fourth Millennia BC: New Evidence from Northern Mesopotamia." *World Archaeology*, 24, 3, 403-422.

O'Connor, J . 1998. *Natural Causes: Essays in Ecological Marxism*. New York: Guilford.

P. F. Chang. 2010. *P. F. Chang*. Retrieved July 28, 2010, from P. F. Chang's: http://www.pfchangs.com/index.aspx

Pahl, R. E. 1966. "The Rural-Urban Continuum." *Sociologia Ruralis*, 6,

299–327.

Paige, Jeffery. 1997. *Coffee and Power: Revolution and the Rise of Democracy in Central America*. Cambridge, MA: Harvard University Press.

Park, Robert, Ernest Burgess, and Roderick McKenzie. 1967. *The City*. Chicago: University of Chicago Press.

Parsons, Talcott. 1937. *The Structure of Social Action*. New York: McGraw Hill.

Perkins, J. H. 1997. *Geopolitics and the Green Revolution: Wheat, Genes, and the Cold War*. New York: Oxford University Press.

Peterson, R. A. 1999. Creating Country Music: Fabricating Authenticity. Chicago: University of Chicago Press.

Polletta, Francesca. 2006. *It Was Like a Fever: Storytelling in Protest and Politics*. Chicago: University of Chicago Press.

Pollock, Susan. 1999. *Ancient Mesopotamia*. New York: Cambridge University Press.

Poniewozik, James. 2007. "The 100 Best TV Shows of ALL-TIME." 6 September 2007. Retrieved 15 July 2010. *Time*.

Preston, Julia. 2010. "Former Manager of Iowa Slaughterhouse Is Acquitted of Labor Charges." *New York Times*, June 8, 2010: A14.

Pruitt, Lisa R. 2008. "Toward a Feminist Theory of the Rural." *Utah Law Review,* 2, 421–88.

———. 2009. "Gender, Geography & Rural Justice." *Berkeley Journal of Gender, Law & Justice*, 23, 2.

Psihoyos, Louie. 2009. *The Cove*. Lions Gate Films.

Rabrenovic, G. 1996. *Community Builders*. Philadelphia: Temple University Press.

Redford, D. B. 1992. *Egypt, Canaan, and Israel in Ancient Times*. Princeton, NJ: Princeton Unviersity Press.

Reding, Nick. 2009. *Methland: The Death and Life of an American Small Town*. New York: Bloomsbury USA.

Reynolds, David S. 2005. *John Brown, Abolitionist: The Man Who Killed Slavery, Sparked the Civil War, and Seeded Civil Rights*. New York: Knopf.

Richmond, R. 1997. "Jenny." *Variety*, 29 Sept. 1997.

Ringholz, R. C., & K. C. Muscolino. 1992. *Little Town Blues: Voices from the Changing American West*. Salt Lake City: Gibbs-Smith Books.

Ritzer, George and Douglas J. Goodman. 2004. *Sociological Theory*. Sixth Edition. New York: McGraw Hill.

Roediger, David. 1999. *Wages of Whiteness: Race and the Making of the American Working Class*. New York: Courier Stoughton, Inc.

Rozin, Paul. 1997. "Moralization." In *Morality and Health: Interdisciplinary Perspectives*. Edited by Allan M. Brandt and Paul Rozin. New York: Routledge.

Sahlins, Marshall. 2003. *Stone Age Economics*. Second Edition. New York: Aldine de Gruyter.

Sassen, Saskia. 2001. *The Global City: New York, London, Tokyo*. Princeton: Princeton University Press.

Schutz, Alfred. 1962. *Collected Papers I: The Problem of Social Reality.* Maurice Natanson, Editor. The Hague: Martinus Nijhoff.

——. 1964. *Collected Papers II: Studies in Social Theory.* Arvid Brodersen, Editor. The Hague: Martinus Nijhoff.

——. 1966. *Collected Papers III: Studies in Phenomenological Philosophy.* I. Schutz, Editor. The Hague: Martinus Nijhoff.

Schwarzlose, R. A. 1980. "The Nation's First Wire Service: Evidence Supporting a Footnote." *Journalism Quarterly*, 57, 4, 555–62.

Severson, Kim. 2010. "For Some, 'Kosher' Equals Pure." *New York Times* 13 January 2010, DJ.

Simmel, Georg. 1971. *Georg Simmel on Individuality and Social Forms.* Donald R. Levine, Editor. Chicago: University of Chicago Press.

Singer, Peter. 1975. *Animal liberation: A New Ethic for Our Treatment of Animals.* New York: New York Review of Books.

Smith, Neil. 1984. *Uneven Development: Nature, Capital, and the Production of Space.* New York: Basil Blackwell.

Soja, Edward. 1996. *Thirdspace: Journeys to Los Angeles and Other Real-and-Imagined Places.* New York: Wiley-Blackwell.

Sorkin, Michael. 1992. *Variations on a Theme Park.* New York: Hill and Wang.

Sorokin, Pitirim and Carle C. Zimmerman. 1929. *Principles of Rural-Urban Sociology.* New York: Henry Holt.

Springwood, Charles F. 1996. *From Cooperstown to Dyersville: A Geography of Baseball Nostalgia.* Boulder, CO: Westview Press.

Stevens, Mitchell L. 2009. *Creating a Class: College Admissions and the Education of Elites.* Cambridge, MA: Harvard University Press.

Stinchcomb, Arthur. 1961. "Agricultural Enterprise and Rural Class Relations." *American Journal of Sociology*, 67, 165–176.

Stokes, B. F. 2007. *Myrtle Beach: A History, 1900 –1980.* Columbia, SC: University of South Carolina Press.

Stuart, D. E. 2000. *Anasazi America.* Albuquerque: University of New Mexico Press.

Swidler, Ann. 1986. "Culture in Action: Symbols and Strategies." *American Sociological Review*, 51, 273–286.

Tar, Zoltan. 1977. *The Frankfurt School: The Critical Theories of Max Horkheimer and Theodor W. Adorno.* London: Routledge and Kegan Paul.

Taylor, Alan. 1995. *William Cooper's Town.* New York: Knopf. .

Taylor, Charles. 2004. *Modern Social Imaginaries.* Durham, North Carolina: Duke University Press.

Tickamyer, Ann R. 2000. "Space Matters! Spatial Inequality in Future Sociology." *Contemporary Sociology* 29(6):805–13.

The Cheesecake Factory. 2010. Retrieved July 28, 2010, from The Cheesecake Factory: http://www.thecheesecakefactory.com/#lobby.

Thomas, Alexander R. 1998. *Economic and Social Restructuring in a Rural Community.* Ph.D. Dissertation: Northeastern University.

——. 2003. *In Gotham's Shadow: Globalization and Community Change in Central New York*. Albany: SUNY Press.

——. 2005. Gilboa: *New York's Quest for Water and the Destruction of a Small Town*. New York: University Press of America.

——. 2010. *The Evolution of the Ancient City: Urban Theory and the Archaeology of the Near East*. New York: Lexington Books.

Thomas, Alexander R., Peter A. Dai, and Sherry L. Martin. 2005. *Rural Retail Redux: Supermarket Pricing in Rural Central New York*. Oneonta, NY: SUNY Center for Social Science Research.

Thomas, Alexander R., Michael Mansky, Daniel Primer and Carla J. Natale. 2002. *Hartwick Retail Practices Survey: General Report*. Oneonta, NY: SUNY Center for Social Science Research.

Thomas, Alexander R., and Polly J. Smith. 2009. *Upstate Down: Thinking about New York and its Discontents*. New York: University Press of America.

Tigges, Leanne M. and Glenn V. Fuguitt. 2003. "Commuting: A Good Job Nearby?" pp. 166 –176 in *Challenges for Rural American in the Twenty First Century* (eds. David L. Brown and Louis E. Swanson). University Park, PA: The Pennsylvania State University Press.

Timberlake, M. 1985. *Urbanization in the World Economy*. New York: Academic Press.

Toennies, Ferdinand. 1963 [1887]. *Community and Society (Gemeinschaft und Gesselschaft)*. New York: Harper & Row.

——. 1971. *On Sociology: Pure, Applied and Empirical*. W. J. Cahnman and R. Heberle, Editors. Chicago: University of Chicago Press.

Town of Hartwick. 2008. *Planning Board Minutes*, 3 June 2008. http://townothartwick.org.

Trotsky, Leon. 2007 [1905]. *The Permanent Revolution and Results & Prospects*. New York: IMG.

United States Bureau of the Census. 2000a. "Urban and Rural Classifications." Retrieved March 26, 2009 from http://www.census.gov/geo/www/ua/ua_2k.html.

——. 2000b. *Census of Population and Housing*. Washington, D.C.: U.S. Bureau of the Census.

——. 2010. *American Factfinder*. http://www.census.gov/.

United States Department of Agriculture. 2009a. "What is Rural?" Retrieve April 7, 2009 from http://www.nal.usda.gov/ric/ricpubs/what_is_rural.shtml.

——. 2009b. "Measuring Rurality: Rural-Urban Continuum Codes." Retrieved April 7, 2009 from http://www.ers.usda.gov/briefing/rurality/RuralUrbCon/.

Ur, Jason A. 2002. "Settlement and Landscape in Northern Mesopotamia: The Tell Hamoukar Survey 2000-2001." *Akkadica*, 123, 57–88.

Van de Mieroop, Marc. 2006. *A History of the Ancient Near East ca. 3000-323*

*BC*. 2nd Edition. New York: Blackwell.

Von Thunen, Johann Heinrich. 1966 [1826]. *The Isolated State*. New York: Pergamon Press.

Wallerstein, Immanuel. 2004. *World-Systems Analysis: An Introduction*. *Durham*, NC: Duke Univeristy Press.

Weber, Max. 1949. *The Methodology of the Social Sciences*. Edward Shits and Henry Finch (eds.). New York: Free Press.

——. 1958. *From Max Weber: Essays in Sociology*. Edited and with an Introduction by H.H. Gerth and C. Wright Mills. New York: Oxford University Press.

Wilkinson, Kenneth P. 1994. *The Rural Community in America*. New York: Greenwood Press.

Williams, Raymond. 1973. *The Country and the City*. New York: Oxford University Press.

Wimberley, Ronald C. and Libby V. Morris. 2006. "The Poor Rural Areas that Must Support the 'Cities of the Future'." *Sociation 4, 2*, retrieved October 30, 2009, from http://www.ncsociology.org/sociationtoday/wim. htm.

Wimberley, Ronald C. Libby Morris, and Gregory M. Fulkerson. 2007. "Population Takes a Tum." *The Rural Sociologist. Reprinted from Raleigh News and Observer* (May 23, 2007).

Wolf, Eric R. 1999 [1969]. Peasant Wars of the Twentieth Century. Norman, OK: University of Oklahoma Press.

Zagarell, A. 1986. "Trade, Women, Class, and Society in Ancient Western Asia." Current Anthropology, 27, 5, 415–30.

Zukin, Sharon. 1996. The Cultures of Cities. Malden, MA: Blackwell Publishers.

# 索引

编辑说明：本书中文索引系根据英文版书原索引翻译的。本索引的页码系英文版原书页码，我们将其作为编码标注在本书正文页边，便于读者查阅英文原版书。